건축 리모델링 개론

건축 리모델링 개론

김진관

SEOWOO PUBLICATIONS

머|리|말

환경문제가 세계적으로 이슈화되고 자원의 고갈에 따른 국가 간 자원 확보 경쟁이 치열하다.

지구라는 한정된 공간에서 한정된 자원으로 살아가야하는 우리로서는 경쟁으로 자국의 이익만 추구할 것이 아니라 같이 살아갈 수 있는 방법을 찾아야 할 것이다. 그러나 우리가 살아가기 위해서는 개발을 하여야 하고 개발을 하다 보면 환경파괴가 일어나 보존해야한다는 반대 목소리에 부딪히게 된다. 따라서 개발이냐 보존이냐 하는 문제는 양날의 칼처럼 어느 한 방향으로만 갈 수 없다. 이러한 현실에서 우리는 '지속가능한 개발'이라는 이념을 기본으로 받아들여지고 있다. 이러한 이념은 지구환경의 손상이나 자원의 낭비를 최대한 방지하여 후손들도 쾌적하고 풍요로운 삶의 권리를 보장 받음과 동시에 그 시대에 맞는 욕구를 충족할 수 있도록 하는데 있다.

이러한 현실에서 건설 분야가 담당해야 할 역할을 찾아야 할 것이다.

한 때 우리나라 산업에서 건설 분야가 중추적인 역할을 담당하여 국가발전을 주도하던 시대도 있었다. 하지만 근래 들어 우리나라 건설 산업의 성장이 어느 정도 한계에 도달하면서 새로운 성장 동력을 찾아야 할 시기가 되었다는 인식이 전반적으로 확산되고 있다. 이러한 현실에서 건설산업이 대응할 수 있는 방안은 결국 해외로 눈을 돌리거나 국내에서는 리모델링이라는 분야가 중심이 될 수밖에 없다.

그리고 리모델링은 건축분야가 중심이고 정부에서도 꾸준하게 건축물 리모델링 활성화를 위하여 많은 정책들을 내놓고 있다. 이러한 정책에 부응하고 건축인으로서 먼저 해야 할 일은 현재 우리나라 건축현황을 정확히 파악하는 것부터 시작하여야 할 것이다. 이러한 일은 건축이라는 학문을 시작하는 대학생에게 리모델링이라는 분야가 왜 필요한지를 인식시키는 중요한 모티브가 된다.

그동안 대학에서 리모델링이라는 과목을 강의하면서 과목이 딱딱하며 분량이 많고 이해가 힘들다는 학생들의 의견이 많아 배우기 싫고 흥미를 유발할 수 있는 교재가 필요하다는 생각에서 본 서를 집필하게 되었다.

따라서 본 서는 대학생들이 우리나라 건축현황을 인지한 후에 리모델링이라는 개념 이해와 필요성을 인식하는데 중점을 두고 대학교재로서 활용될 수 있도록 하였다. 이러한 바탕에서 좀 더 나아가 리모델링을 시행하기 위하여 익혀야 할 기술적인 테크닉과 지식을 꼭 필요한 부분만 모아 배우는데 흥미를 가질 수 있도록 하는 내용으로 구성하였다.

끝으로 본 서가 우리나라 리모델링을 배우는 학생들에게 도움이 되고 나아가 국내 리모델링 발전에 조금이나마 이바지하였으면 하는 바람이다.

2016년 3월 1일

상문골에서

저자 김 진 관

차 | 례

제1장
서론

제2장
리모델링 시장 현황과 전망

제3장
리모델링 활성화 방향

제4장
리모델링 절차

제5장
리모델링 계획과 설계

제6장 조사와 진단

제7장
보수와 보강

제8장
리모델링 시공

제9장
사업성 검토

제1장 서론

1. 리모델링의 정의 및 개념

리모델링은 그동안 리폼(reform), 리뉴얼(renewal), 리페어(repair), 리노베이션(renovation) 등으로 불리어 왔다. 이렇게 다양한 용어에 대한 혼란을 막고자 건축법에서 리모델링(remodeling)용어를 '건축물의 노후화를 억제하거나 기능향상 등을 위하여 대수선하거나 일부 증축하는 행위를 말한다.'(건축법 제2조)라고 정의하였다.

리모델링이 신축개념과 달리 건축물의 유지관리의 필요성에 의하여 중·개축, 대수선 등을 포함하는 것으로 기존 건축물의 중요한 골격을 유지하면서 내·외부 시설의 개선을 통하여 건축물 본래의 기능을 유지하고 향상시킴으로써 물리적, 사회적 경제수명을 연장하는 것이다.

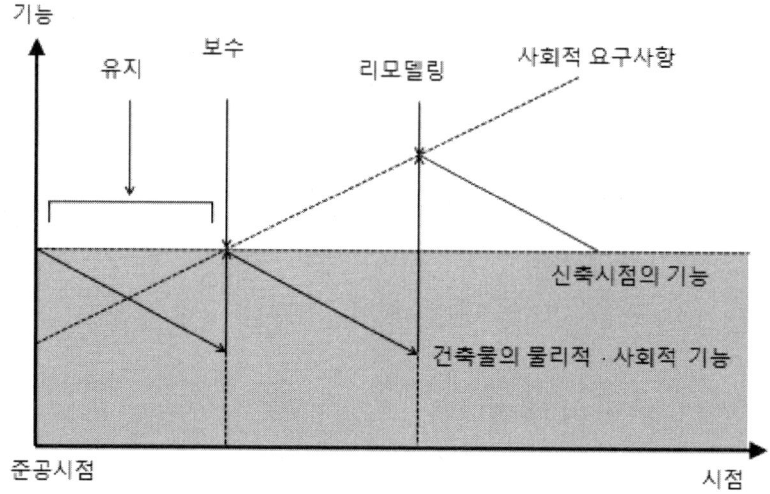

그림 1 ‖ 리모델링과 유지·보수의 개념도

2. 리모델링의 목적

리모델링은 기존 건물은 헐지 않고 편의성, 실용성, 수익성 및 효율성을 갖춘 새로운 모습으로 개보수하여 최소한의 비용으로 최대한의 가치창출을 이루어 내기 위함이다. 리모델링 목적에는 다음 표와 같은 것이 있다.

표 1 ‖ 리모델링의 목적

1. 건축물의 수명연장	• 수명한계에 이른 경우 준공당시 상태 및 이상의 기능으로 회복 및 개선 • 반복되는 고장 및 이상으로 처리비용 과다하게 소요되는 경우의 대처 • 기능상 문제는 없지만 구조, 내·외장, 설비들의 내구성 향상
2. 건물용도 및 Image 변경	• 신규 사업 개시 및 업종의 변경을 계기로 시행 • 외관의 오손 및 파손, 유행의 변화에 따라 디자인 변경 • CI관련 기업이미지의 명확한 제시 필요
3. 건축물의 기능향상	• 적극적 리모델링의 개념, 수선, 변경보다는 새로운 기능부가가 목적 • Security 기능에 대한 중요성 • Intelligent System에 대한 요구 「Building Automation」, 「OA 환경」, 「정보통신시설」, 「쾌적한 업무환경」
4. 에너지비용의 절감	• 지구 환경에너지 절약에 대한 관심증가 및 "환경기후 에너지 협약" 실행 • 유지관리 비용 중 30% 차지 • ESCO 분야의 활성화(국가보조금 지원)
5 수익 및 자산가치 향상	• 리모델링을 통한 수익요소의 증가 • 인근건물 대비 경쟁력의 향상 • 소요경비의 절감

3. 리모델링의 배경 및 필요성

노후화된 건축물의 처리는 재건축이나 재개발, 리모델링 등을 고려할 수 있다. 여기서 재개발이나 재건축 등은 건축주 관점에서 볼 때 경제성 불확실로 어려움이 따르고 국가적인 입장으로 볼 때는 자원의 과다소비, 규제강화 등으로 인한 어려움이 있으며 지구환경적인 측면에서는 자원 과다소비로 인한 지구온난화를 유발하는 문제를 초래한다. 이러한 여러 문제점으로 인하여 대안으로 제시되는 것이 리모델링이다.

리모델링 배경 및 필요성에는 여러 가지 요인이 있을 수 있다. 건축물의 열화, 노후화, 기능 저하 등 물리적인 요인이 있고, 용도를 변경하거나 사용자가 변경 될 경우에도 리모델링을 시행한다. 또한 과다한 건축물 에너지 사용량을 줄이거나 공간 활용을 효율화하기 위하여 리모델링을 시행한다. 이러한 행위를 통하여 궁극적으로 건물의 가치가 향상되도록 하는 것이 리모델링의 가장 큰 목적이다.

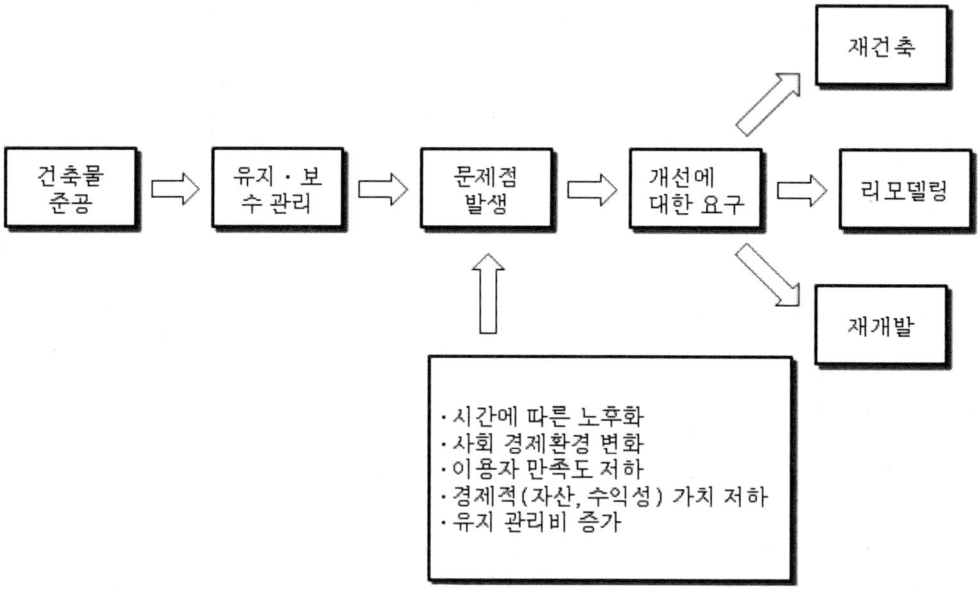

그림 2 ▮ 리모델링 발생 배경

(1) 지속가능(sustainable)한 건축 환경 조성

1) 지속가능의 개념

생태계의 자정 능력을 위협하는 개발은 지속하기 어려우며, 미래 세대의 생존권까지 위협할 수 있다. 그러므로 우리는 인류의 발전과 환경 보전을 함께 성취할 수 있는, 이른바 '환경적으로 건전하고 지속 가능한 발전'을 추구할 필요가 있다. 자연환경은 누구나 이용할 수 있는 공공의 재화이므로 모든 사용자가 과도하게 자연 환경을 개발한다면 환경오염이 발생하는 것을 제대로 통제하기 어렵고, 그 피해는 우리 자신뿐만 아니라 미래세대에게까지 미친다.

‘지속 가능한 발전’이라는 개념은 1987년 유엔 세계환경개발위원회가 발간한 보고서인 “우리 공동의 미래”를 통해서 널리 소개되었다. ‘지속 가능한 발전’은 ‘미래 세대가 자신의 욕구를 충족할 수 있는 능력을 해치지 않으면서도 현세대의 욕구를 충족하는 발전’을 의미한다. 이를 위해 경제에 대한 우리의 관점을 바꾸고, 경제 성장과 환경 보전, 나의 욕구와 타인의 욕구, 현세대의 욕구와 미래 세대의 욕구를 양립시킬 필요가 있다. 1992년 리우 환경 회의에서 지속 가능한 발전의 개념을 재확인하고 이를 더욱 강화하는 의미에서 ‘환경적으로 건전하고 지속 가능한 발전’이라는 이념을 채택하였다.

그런데 발전을 지향하는 ‘개발’과 환경적 건전성을 지향하는 ‘보전’은 대립하는 가치로 여겨진다. 극단적 인간 중심주의에서는 환경의 보전보다는 개발을 우선시하며, 이러한 태도는 결국 환경을 파괴할 수밖에 없다. 반면, 극단적인 생태 중심주의에서는 환경의 보전을 위해 개발을 중단해야 한다고 보며, 결국 개발을 추구하려고 하는 후진국을 빈곤한 상태로 내몰게 된다. 이렇게 대립하는 관점을 균형감 있고 조화롭게 연결한 것이 ‘환경적으로 건전하고 지속 가능한 발전’이라는 개념이다.

여기서 ‘지속 가능성’은 인간의 지속 가능성, 사회의 지속 가능성, 경제의 지속 가능성, 더 나아가 생태적 지속 가능성 등 다양한 차원에서 논의될 수 있으며, 이들은 상호 밀접하게 관련되어 있다. 생태적 지속 가능성이란 개체들 사이 또는 개체와 자연 간의 상호 의존성이나 생명 간의 연대성과 같은 관계성의 지속을 의미하는데, 생태적 지속 가능성이 확보되지 않는다면 인간도, 사회도, 경제도 지속할 수 없다는 것은 명백하다. 따라서 생태적 지속 가능성을 고려한 과학 기술의 발전이 요구된다.

환경적으로 건전하고 지속 가능한 개발은 단순히 환경 파괴와 자원 고갈의 속도를 늦추는 정도를 뛰어넘어, 자연의 자정 능력 범위를 넘어서는 인간 활동을 억제하고, 자정 능력 범위 자체를 확대하는 방향으로 추진될 필요가 있다.

더 나아가, 우리는 환경적으로 건전하고 지속 가능한 발전을 추구하는 사회, 즉 지속 가능한 사회를 창조해야 할 책임이 있다. 지속 가능한 사회는 인간과 자연, 인간과 인간, 현세대와 미래세대 사이의 형평성을 추구할 때 가능하다. 이를 위해서는 인간과 자연이 공존하고, 인간과 인간 사이의 정의가 이루어지며, 현세대가 미래세대를 배려하고 책임질 수 있도록 환경적으로 건전하고 지속 가능한 발전이 요구된다.

2) 지속가능한 생활환경의 계획 목표 및 평가 지표

우리의 생활주변 환경을 지속가능한 것으로 유지하고 발전시키기 위한 계획 목표와 평가 지표는 다음과 같다.

표 2 ▌지속가능한 생활환경의 계획 목표 및 평가 지표

환경	계획 목표	평가 지표
토지 이용 및 교통	1. 적정 인구밀도 계획 2. 중심지 근접개발 3. 보행자 및 자전거 전용 도로 네트워크 구축 4. 기존 자연환경 보존 및 복원 5. 대중 교통체계 확립 및 접근성 제고 6. 단지구획 도로 폭 축소 7. 정보 통신망 구축	1. 용적률 2. 도시 및 지역중심과 단지중심간의 평균거리 3. 도시 및 지역중심과의 연계여부(보행자 및 자전거 전용도로 연계여부) 4. 학교와의 연계여부(초등학교까지 횡단보도 통과 횟수) 5. 자전거 및 보행자 전용도로 조성 여부 6. 단지 내 세대당 자전거 주차장 비율 7. 자연지형 보존여부 8. 표토활동 여부 9. 대중교통(지하철역)과 단지중심간 평균거리 10. 단지구획 도로 폭 11. 정보 통신망 구축 여부
에너지 및 자원	1. 온실가스 배출저감 2. 태양열 이용 3. 에너지절약형 난방방식 계획 4. 수자원의 효율적 이용 및 순환 5. 생활 쓰레기 재활용 6. 건설 폐기물 재활용	1. 단지 내 CO_2 총 발생량 2. 태양열 집열판, 태양전지 등 설치 여부 3. 지역난방(열병합발전) 시스템 도입 여부 4. 우수 재활용, 중수이용 시설 유무 5. 절수형 기기 사용 유무 6. 투수성 포장 유무 7. 단지 내 생활 쓰레기 처리시설(퇴비화 장치 등) 유무 8. 건축 자재의 재활용 여부
생태 환경	1. 녹지공간 면적 확충 2. 수생 바이오톱 조성 3. 육생 바이오톱 조성 4. 생태자원으로서의 접근성 제고 5. 그린 네트워크 및 에코 코리더 조성	1. 녹지 공간율 2. 실개천, 연못 등 조성 여부 3. 텃밭, 채소원, 자연 학습원 등 조성 여부 4. 단지 주변 그린 공원, 하천, 산림 등의 접근성 5. 단지 내 녹지공간의 연계 여부(단지 내 거점 녹지를 중심으로 연속된 녹지 축을 조성)

실내 환경	1. 실내 에너지소비 저감 2. 유해 물질 사용 억제 3. 실내 녹지공간 조성 4. 수납공간 합리화 5. 거주자 요구 수용	1. 에너지 절약적인 주동 배치 2. 유해물질 사용 억제 여부 3. 마당형 발코니, 실내 정원 조성 여부 4. 붙박이 형태의 수납공간 설치비율 5. 가변형, 주문형(마이너스 옵션) 평면 개발 여부

3) Hiper Building

지속가능한 개념에 근거하여 건축물의 초장수명화와 도시의 생활, 역사, 문화를 중시하는 새로운 도시사회의 형성을 목표로 하는 하이퍼 빌딩의 개념이 구상되고 있다.

이는 종래의 건축물에 대한 인식을 완전히 넘어선 대규모 도시적 기능을 지닌 초건축공간을 구성하는 것으로 현재의 평면적 도시구조를 수직적·입체적으로 재편성함으로써 토지의 이용효율을 높이고 수많은 도시 문제를 해결한다는 것이다.

이와 같은 계획이 실현되기 위해서는 그에 상응하는 건설기술과 초장수명을 유지하기 위한 재료의 개발이 이루어져야 한다.

다음은 하이퍼 빌딩의 기본 개념이다.

- 새로운 도시사회 형성을 목표로 초장기간의 내구성이 확보된 건축물과 도시의 구축
- 환경 공생형 도시
- 자원 에너지의 효율화를 위한 도시 체계
- 사회 경제 환경의 변화에 유연한 대응
- 대규모 도시적 기능을 갖춘 초건축적 공간
- 평면적 도시구조를 입체적으로 재편성
- 토지 이용효율 향상, 도시문제 해결
- 쉼 없는 유지관리
- 각종 도시기능을 층별로 집약

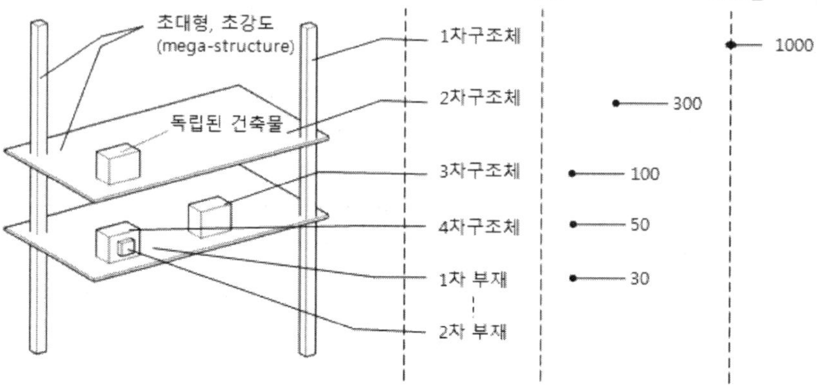

그림 3 | 하이퍼 빌딩 구조 개념도

바이오닉 타워(1100m)

Sky City1000(1000m)

Mega City Pyramid Try 2004(400층 · 2004m)

후지산 모양의 X-Seed 4000(800층 · 4000m)

그림 4 | 하이퍼 빌딩 계획 사례

(2) 물리적 요인

1960년대 이후 정부의 개발정책에 따른 급속한 도시화, 산업화의 진전으로 건축물의 양적 팽창이 극에 달하고 있다. 이에 따른 건축물 재고가 급속하게 늘고 있다. 그러나 건축물이 시간의 경과에 따라 물리적 기능저하와 노후화로 유지관리의 한계에 다다르게 되어 리모델링이나 재건축단계에 도달하게 되었다.

물리적 노후화	기능적 노후화	사회적 노후화
물리적 성능 개선	기능적 성능 개선	사회적 성능 개선
- 건물의 안전성 확보 - 설비, 전기시설의 개선 - 건물 내, 외장재의 개선	- 사용환경의 쾌적성 확보 - 에너지, 유지관리비 절감 - 건물의 Intelligent 화	- 경제, 사회, 문화적 가치상승 - 설비, 전기시설의 개선 - 건물 내, 외장재의 개선

표 3 ▌리모델링과 재건축 비교

재건축	비교 항목	리모델링
• 기존 건축물 전면 철거 후 신축 • 비교적 최신 평면 적용 가능 • 용적률 증가로 단지 쾌적성 불리	건축적 측면	• 기존 골조를 보존한 상태에서 공사 • 구조보강 등 구조안전 확보 필요 • 상대적으로 평면계획에 제약(기존 유지) • 용적률 기존 수준 유지해 쾌적성 양호
사업비 3.3㎡당 약 350만~400만원 소요	경제적 측면 (전체 연면적 기준 개략사업비)	사업비 3.3㎡당 약 250만~320만원 소요
• 전면 철거로 인해 폐기물 다량 발생 • 물리적 수명이 남아 있는 건물을 철거해 자원 낭비와 환경오염 가속화	환경적 측면	• 기존 골조를 활용해 폐기물 발생량을 줄일 수 있음
시행시기 : 준공 후 약 40년 이상 경과 사업기간 : 약 6~10년	시행시기 · 사업기간	시행시기 : 준공 후 15년 경과 사업기간 : 약 2~3.5년

(3) 사회적 요인

산업화시대에서 정보화시대로 변화하면서 건축물에 대한 사회적 요구도 새로운 기능을 요구하게 되었다. 정보화시대에서는 특히 정보화, 개성화, 사무자동화 등 다양한 경향의 변화를 요구하게 되었다.

이러한 변화는 쾌적한 실내공간의 창출과 효율적인 기능의 공간을 요구하게 되었다. 실내공기조화설비나 뜬 바닥구조를 이용한 사무자동화설비 설치를 위한 공간 요구 등이 리모델링을 부추기는 요인으로 작용하고 있다.

(4) 시대적 요인

오늘날 현대사회는 에너지 과다소비와 그에 따른 CO_2발생으로 지구온난화에 따른 여러 문제에 직면하고 있다. 여기에 건축도 지구 환경문제에 깊이 관여 되어있다. 따라서 건축에서 자원절약과 환경보존, 새로운 디자인건설은 시대적 요구사항이다. 특히 건설과 관련된 CO_2발생량은 철강이나 시멘트 등 건축 제조와 관련된 산업분야까지 포함하면 약 1/3에 이른다고 한다. 이러한 배경에서 지속가능한 지구환경을 만들기 위해서는 건축수명의 연장과 건축물 유지관리 단계에서 에너지절약이 필수적으로 등장하고 있다.

(5) 제도적 요인

앞에서 기술되었던 여러 가지 요인에 따라서 국가에서도 리모델링을 활성화하기 위하여 많은 정책적, 제도적 지원을 하고 있다. 예를 들어 아파트 리모델링 추진 시 국민주택기금에서 공사비를 장기 저리로 융자해 주도록 하였으며 정부에서 강력 반대하였던 수직증축도 건축주와 건설업체의 꾸준한 요구로 일정한 요건을 갖추면 허용하게 되었다. 이러한 요인들도 리모델링을 활성화 시키는 배경으로 작용하고 있다.

(6) 경제적 요인

건축물의 노후화는 건물의 수명에 비례하여 유지보수 및 관리비의 증대를 초래한다. 리모델링을 통하여 이러한 유지관리비를 절감할 수 있고, 가장 큰 장점은 재건축이나 신축에 비하여 공사비가 저렴하다는 것이다. 리모델링 공사비는 건축연도, 공사범위, 사용자재 등 많은 변수가 있어 신축과의 비율을 정확하게 말하기는 어렵지만 일반적으로 다음 표와 같다.

표 4 | 신축대비 리모델링 공사비 비율

건물용도	비율(%)	비고
업무시설	40~50	신축공사비를 100으로 환산
병원	45~55	
호텔, 공동주택	50~70	

또한 건축법의 변경으로 신축공사가 여러 면에서 불리한 경우도 있다. 기존 법규보다 새 건축법규는 더 많은 주차장 확보를 요구하고 있는 것은 물론 조경면적과 건폐율, 소방시설을 강화한 것이 일반적이다. 이러한 경제적 요인 때문에 리모델링이 활성화 되는 배경이기도 하다.

제2장

리모델링 시장 현황과 전망

1. 우리나라 건축물 재고 현황

우리나라 총 건물 동 수는 2014년 12월 기준으로 6,911,288동이다. 이 중 30년 이상 된 동은 전체 35.8%를 차지하여 우리나라 건축물의 노후도가 심각함을 보여주고 있다. 또한 전체 건축물 중에서 동 수를 기준으로 주거용 건물 비중이 약 2/3를 차지하여 리모델링을 시행 하고자 할 때도 비중이 가장 크므로 주거용 건축물에 대한 리모델링 대책이 특히 필요할 것으로 판단된다. 우리나라 건축물 리모델링 시장은 지금까지 주거용이 아닌 상업용, 공업용, 교육·사회용 등 비주거용 건축물을 중심으로 성장해왔다. 그러나 표에서 보다시피 우리나라 건축물 현황에서 주거용이 월등한 비중을 차지하는 것으로 볼 때 앞으로는 주거용이 리모델링 시장의 주도적 역할을 담당할 것으로 보인다.

표 5 | 우리나라 건축물 현황(2014년 12월. 국토교통부 자료)

용 도	주거용	상업용	공업용	교육, 사회용	기타	합계
동 수 (연면적 : 천㎡)	4,544,277 (1,608,411)	1,174,891 (709,840)	283,259 (349,896)	182,913 (304,410)	725,948 (478,794)	6,911,288 (3,451,351)
동 수 비율 (연면적 비율 : %)	66(46)	17(21)	4(10)	3(9)	11(14)	100(100)

그리고 전체 건축물 중에서 약 2/3가 단층건물로서 동 수로만으로 볼 때는 단층건물이 압도적인 비중을 차지하고 있고 30층을 초과하는 건물은 그 비중이 약 0.5% 정도로서 아직까지는 미미한 수준이다. 그러나 고층건물은 최근 들어 그 비중이 빠르게 증가하는 추세에 있고 단층건물은 상대적으로 재건축이나 재개발이 쉬운 편이다. 이러한 현실에서 미래 건축 환경으로 볼 때 고층건물의 재건축이나 재개발은 기술적, 환경적, 사업성 등의 문제가 크기 때문에 리모델링을 통한 해결책이 도출되어야 할 것이다.

표 6 | 우리나라 건축물 층수별 현황(2014년 12월. 국토교통부 자료)

층수	1층	2~4층	5층	6~10층	11~20층	21~30층	30층 이상
동 수	4,335,822	2,241,023	148,087	71,714	78,041	15,127	34,267
비율(%)	62.7%	32.4%	2.1%	1.0%	1.1%	0.2%	0.5%

2. 우리나라 주택 수명

우리나라 주택 수명은 그림에서 보는 것과 같이 선진국에 비하여 상당히 짧다.

선진 외국의 주택 수명이 긴 것은 석재 등을 사용한 건축재료와 공사 품질적인 차이도 있겠지만 또 다른 요인은 기존주택을 보존하려는 사회분위기와 정책적 요인이다. 선진 외국에서는 기존 건물 멸실 방지는 물론이거니와 개보수를 하고자 할 때도 기존 원형을 최대한 살리도록 지도하고 있기 때문이다.

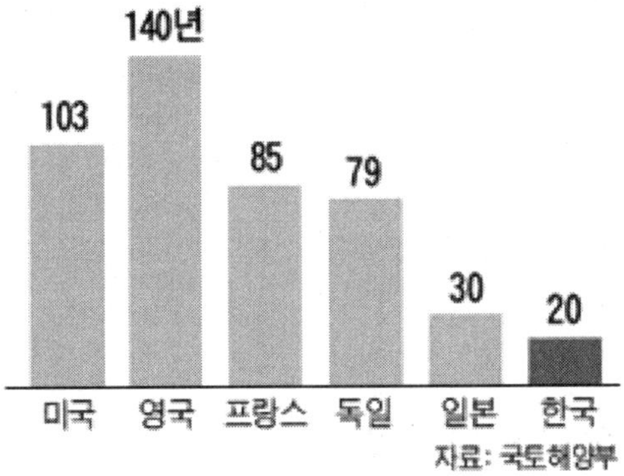

그림 5 ‖ 각국의 주택 수명(단위: 년)

3. 국내 리모델링 시장 성장 전망

(1) 국내 리모델링 성장 전망

우리나라는 다른 나라보다 상대적으로 짧은 기간에 산업화를 이루었고 아직까지는 신축에 대한 수요가 상대적으로 높다. 하지만 건축기술의 발달로 품질이 우수한 건축물의 재고는 쌓일 수밖에 없다. 그리고 선진국의 예를 보더라도 국민소득의 증가와 더불어 리모델링이 증가하는 추세이다. 가까운 일본을 보더라도 1990년대 신축시장의 성장세가 둔화되면서 리모델링 시장이 급신장하는 추세를 보이고 있어 국내도 2015년을 지나면서 제1기 신도시를 중심으로 리모델링 시장이 본격화될 것으로 전망된다.

건축물 착공면적 중 리모델링 면적의 비중을 건축물 유형별로 비교해본 결과 2010년 현재 교육·사회용 건축물의 리모델링 비중이 40.4%로 가장 높았으며, 공업용은 34.4%, 상업용은 17.6% 등이었으며 주거용은 2.9%에 불과하다(한국건설산업연구원, 윤영선).

하지만 우리나라 건축물 현황에서 주거용 동 수가 약 66% 비중을 차지하는 것으로 볼 때 앞으로는 주거용 건축물에 대한 리모델링 시장이 활성화 될 것으로 판단된다.

2015년도 전체 건축시장에서 리모델링이 차지하는 비중은 2010년보다 0.5%p 증가한 8.4~8.5%를 기록하고, 2020년에는 8.9~9.5%에 이를 것으로 전망되고 있다. 이처럼 우리나라 리모델링 비중이 저조한 이유는 급속한 경제발전으로 노후 건축물이 적었고 또한 현존하는 노후 건축물도 리모델링을 시행할 수 있는 돌구조나 철근콘크리트 등의 구조가 아닌 것이 주원인으로 분석된다. 하지만 경제발전과 더불어 건축물의 구조도 철근 콘크리트구조나 철골구조 등 구조적으로 장수명화 될 수 있는 구조의 건축물이 급속히 건설됨으로 인하여 리모델링 비중이 예상보다 빠르게 증가할 여지는 충분하다고 할 수 있다.

(2) 국내 리모델링 시장의 성장 요인

1) 노후 건축물의 재고 증가

우리나라는 1980년대 이후 고도 성장기를 거치면서 건물 대부분이 양적팽창 위주의 개발로 인해 건축의 질적 수준이 빈약하고 건물의 유지관리가 소홀했기 때문에 성능이 크게 떨어진다. 또한 사회구조의 급속한 변화와 기술의 발달에 대응하지 못하기 때문에 건립된 지 10년 이상 된 건물들을 리모델링 대상으로 한다면 기존 건물의 약 50% 이상에 해당하는 막대한 시장 규모가 될 것이다. 그동안 축적된 건축물은 2010년 이후에는 30년이 넘는 노후 건물의 증가로 이어지고 이는 리모델링이나 재건축을 통한 방향으로 거듭날 수밖에 없다.

2) 건물의 사회적 노후화

리모델링 수요가 증가하는 것은 단순히 건축물이 물리적으로 노후화되고 있기 때문만은 아니다. 건축물은 물리적으로도 노후화되고 있지만 사회적으로도 노후화되고 있기 때문이다. 그 사회의 기술발전, 소득수준 향상에 따른 평면구조의 진부화, 실 주거면적의 협소, 주차공간 및 녹지공간 부족 등 단지환경 열악, 건물 외관이미지 열악 등에 개선을 요하는 사회적 노후화이다.

3) 재건축에 대한 비용증가

리모델링 시장의 성장요인으로 경제적인 측면을 들지 않을 수 없다. 리모델링 필요성이 높다 하더라도 경제적 실현가능성이 낮으면 사업으로 활성화되기 어렵다. 리모델링은 신축에 비하여 30% 이상 비용을 절감할 수 있다.

4) 정부의 정책적 지원강화

국내 리모델링사업이 활성화될 수 있는 요인으로 정부의 정책적 지원이 강화되고 있다는 점을 들 수 있다.

정부는 여러 요인들에 의하여 리모델링 활성화를 위하여 조세 및 금융상의 지원, 건축규제의 완화, 리모델링 발주 및 산업정책 등으로 지원 하고 있고 지원 범위를 점차 넓혀가고 있다.

5) 외국의 사례

건축공사에서 리모델링 비중이 증가하는 것은 선진국의 사례에서도 나타나고 있다. 그림에서 보는 것과 같이 선진국에서도 소득이 늘어날수록 신축보다는 리모델링의 비중이 높아지는 것을 알 수 있다. 미국의 건설산업계에서는 1990년대를 건물성능개선의 시대라고 부를 정도로 리모델링이 전체 건축시장에서 차지하는 비중이 급증했다. 미국은 1998년을 기준으로 건물개선에 차지하는 비중이 약 31.1%에 이르렀고 캐나다의 경우에는 건축부문 투자액 중 약 58.6%를 성능개선이 차지하고 있다. 유럽 각국에서도 리모델링이 전체 건축투자에서 차지하는 비중이 98년을 기준으로 30~50%에 이르고 있고 독일의 경우에만 통일 이후 신규 투자로 인해 30% 미만에 머무르고 있다. 이러한 비중은 앞으로도 지속적으로 상승될 것으로 예측하고 있다. 따라서 우리나라도 소득의 증가와 함께 점차적으로 신축보다는 리모델링 비중이 증가할 것으로 예상된다.

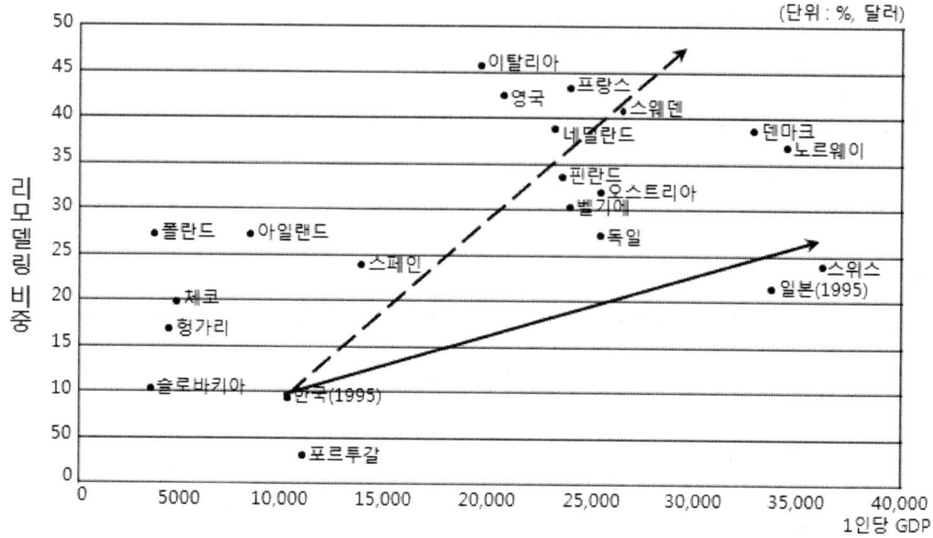

그림 6 ▌각국의 리모델링 비중

(3) 관련 법령 개정

리모델링을 활성화시키기 위하여 정부에서도 법령 개정을 통하여 많은 노력을 기울이고 있다.

리모델링 법령은 2001년 리모델링에 대한 용어 정의를 시작으로 매년 꾸준히 개선되고 있다. 특히 2003년 주택법 개정 시 사회적 요청을 반영하여 기존 주택의 유지관리 및 리모델링 제도를 대폭 보완하였다.

다음은 리모델링 관련법령 주요 개정 내용이다.

표 7 ‖ 리모델링 관련법령 개정 내용

관련 법령	개정연도	개정 내용
건축법 시행령 제6조1항	2001.09	• 법적 개념 리모델링 용어 정의 • 건축심의, 건축기준 완화여부 및 증축범위 규정
공동주택관리령 및 시행규칙	2002.03	• 공동주택 리모델링 행위허가 기준 신설 • 준공 후 20년 경과 시 증축허용(대수선은 10년) • 리모델링 동의율 100% 충족
국토의 계획 및 이용에 관한 법률	2003.01	• 용도지구에 리모델링 지구 신설
도시 및 주거환경 정비법	2003.07	• 정비사업 시 일부건물 존치 및 리모델링 특례인정
주택법 제32조 및 동법시행령 제47조	2003.11	• 리모델링 주택조합제도 도입, 동별 및 전체 리모델링 인정 • 리모델링 동의율 80% 개정
집합건축물 소유 및 관리에 관한 법률 제48조	2003.11	• 리모델링 특례인정(대지 지분 변동 없음)
주택법 및 주택법 시행령 제47조	2005.01	• 리모델링 매도 청구권 인정 (소유자 4/5 동의요건 충족 시 매도청구 가능)
주택법 제48조, 주택법 시행령 제47조 및 별표 7	2005.05	• 전유 부분 면적 30%이내 증축 허용 • 조합설립 요건 단지 전체 4/5 동의, 동별 2/3 동의로 완화 • 세대 주민 편의시설(필로티) 변경시 수직증축 허용 • 건축법 공동주택 리모델링 주택조합 허용
건축법 시행령 제6조 3	2006.05	• 리모델링이 용이한 구조변경 용적률 20% 추가 제공
조세 특례제한법 시행령 제106조 5항, 주택법 제63조	2006.02	• 리모델링 시 부가가치세 면제 • 기존 국민주택규모 주택 30%이내 증축 시 부가가치세 면제 • 국민주택 기금지원 ; 3,000만원 한도, 이자율 4.5% 적용
주택법 시행령 제47조	2007.02	• 증축 허용연한 20년에서 15년으로 단축
건축법 시행령 제6조	2008.10	• 증축 허용연한 20년에서 15년으로 단축하여 주택법과 일치

건축법 시행령 제6조의 1	2009.05	• 활성화를 위한 일반건축물 경과 연한 단축 및 완화 규정 확대
주택법 제2조	2012.01	• 85㎡ 미만 공동주택 증축범위 30%→40%로 확대 • 세대별 증축 가능면적범위에서 세대수 증가 허용(수평, 별동 증축, 세대분할로 한정하여 기존 세대수의 10% 이내에서 허용) • 세대 수 증가 리모델링시 도시계획 심의 신설
주택법 제2조	2012.05	• 멀티 홈 리모델링(1개 세대를 분리하여 임대가 가능하게 한 리모델링) 기준 발표 • 임차가구의 전용면적이 전체 전용면적의 1/3을 초과하지 않을 것
주택법 제48조	2013.06	• 수직증축 리모델링 가능 14층 이하 - 2개 층 허용 15층 이상 - 3개 층 허용 기존 세대수의 15% 이내 세대수 증가 허용

제3장 리모델링 활성화 방향

1. 개요

리모델링을 활성화시키기 위해서는 여러 가지 장애요인이 따른다. 이러한 장애 요인에는 국내 건설환경, 국민의식, 주거환경의 특수성, 구조형식, 주택 소유자의 다양성, 경제적 여건 등과 맞물려 복합적으로 작용하고 있다. 특히 리모델링 분야에서 가장 많은 비중을 차지하고 있는 공동주택은 외국과는 다른 특수성을 보이고 있어 이를 사전에 충분히 고려하여야 한다.

그리고 신축 건설시장의 성장이 한계에 이르면서 건설업계에서는 새로운 수요 창출에 어려움이 있다. 이러한 환경에서 리모델링이 활성화되어야 하는 근본적 이유는 무분별한 난개발 방지와 이로 인한 사회적 비용과 환경에 대한 문제의식이라 할 수 있다.

앞으로 합리적인 건설수요로서 리모델링의 활성화 방안이 많은 제약 요인을 극복하고 마련되어야 할 것이다.

2. 리모델링 제약요인

(1) 사회적 요인

- 건축물을 사용함에 있어서 이를 유지, 관리하는 의식수준이 낮음
- 공동주택단지에 대한 공동체 의식이 결여됨
- 재건축, 재개발 등을 통한 재산증식이라는 그릇된 인식
- 리모델링의 효과와 성능에 대한 평가체계 등이 수립되어있지 못함
- 환경변화에 대한 미래 예측이 어려움
- 주거에 대한 가치개념이 생활의 질이나 환경의식 측면보다 경제성 위주로 편협함

(2) 경제적 요인

- 리모델링 비용조달에 있어 자기부담금액이 높으므로 긍정적인 추진을 어렵게 함
- 공사비 투입대비 경제적 가치상승 효과의 객관적인 분석이 어려움
- 공적인 비용지원체계가 형성되어있지 않음
- 리모델링의 시행범위에 따른 입주민의 비용부담 문제에 대한 해결방안 미비

(3) 제도적 요인

- 리모델링에 대한 법적 행위의 범위가 규정되어있지 않음
- 리모델링의 규정 미비
- 공동주택 범위별 주민들 동의와 절차의 규정 미비
- 유지, 보수 및 리모델링에 대한 정보 공유체계 부족
- 법적인 제한으로 시행이 용이치 않음
- 시행을 위한 영역 구분이 안 됨

(4) 기술적 요인

- 시공 환경의 제약(시공기간, 소음, 진동, 안전 등)
- 실(室)의 부가증축에 대한 공법 개발이 필요함
- 저소음, 저진동 등의 공해저감 기술 개발이 시급함
- 전문업체와 기술인력의 양성 필요
- 리모델링을 위한 재료 및 공법개발의 미흡

3. 리모델링 활성화 방안

리모델링을 활성화시키기 위해서는 많은 방안들이 있을 수 있는데 이를 함축해 본다.

(1) 의식전환의 필요

- 공동주택에 대한 주민공동체 의식 제고와 재건축의 경제적 한계에 대한 의식
- 중고주택 및 건축물에 대한 노후도와 개보수의 필수항목 선정 및 평가도 정립
- 환경친화단지 및 건물평가도 수립
- 주택을 투자보다 주거개념으로 인식

(2) 관련전문가 양성

- 리모델링 정보생산과 제공, 조사, 기획, 설계, 시공 등 각 전문가 집단의 업무기준과 정보체계 구축
- 유형별 공사비 산정방식의 표준화와 계약기준 마련

(3) 공사비용 조달

- 입주자 일시금, 적립금, 정비보조금, 금융지원의 마련
- 비용보조 가능 평형, 범위, 항목기준 수립과 보조금 지원정책 마련

(4) 관련법의 개정

- 표준 관리규약의 신설(공동주택 관리령)
- 범위별 절차, 동의, 허가 및 신고 기준 개정
- 건축기준 적용의 완화(대지 안의 조경, 건축선 후퇴, 건폐율, 용적률, 높이 제한, 공개공지의 설치 등)
- 증개축 및 용도변경 시 부설주차장 추가설치 등의 완화
- 개보수 관리지구 지정을 통한 집단적 건축규제 완화 등
- 재건축 규제의 강화
- E.S.C.O사업의 활성화 지원

(5) 기술개발

- 구조체의 보강기술(구조안전 및 진단, 점검기준 포함)
- 조립식 구법, 시공기술 개발
- 벽체 제거 및 철거기술 개발
- 현장관리기법 개발
- 리모델링 관련 신공법, 신자재 인증 및 지원
- 적용 자재 및 부품 개발

특히 자재 중에서 가장 중요하게 다루어지는 자재가 콘크리트이다. 그동안 콘크리트는 많은 연구와 기술개발을 통하여 강도를 증가시켜 왔다. 이는 장기적인 리모델링 활성화와 초고층건물 건립을 위해서는 극초고강도 콘크리트 사용이 필수적이기 때문이다. 그동안 고강도콘

크리트 제조를 위하여 일반적으로 시멘트 입자크기의 1/100크기인 실리카 흄을 사용하였다. 실리카 흄은 시멘트 입자사이에 분산되어 콘크리트를 보다 치밀하게 만든다. 그러나 최근에 입자 크기는 실리카 흄보다 크지만 엉겨 붙는 정도가 낮아 점성을 낮게 유지할 수 있는 '지르코니아 실리카 흄'을 사용하여 콘크리트 강도를 150MPa/㎠ 이상 발휘할 수 있는 극초고강도 콘크리트가 개발되고 있다.

표 8 ▌콘크리트 강도에 따른 특성

항목	보통 콘크리트	고강도·초고강도 콘크리트	극초고강도 콘크리트
사용범위	30층 이상, 수직 100m	50~100층 빌딩. 수직 500m	150층 이상 초고층 빌딩. 수직 1,000m 이상
강도범위	15~40MPa	40~150MPa	150MPa 이상
굵은 골재 크기	20~25mm	15~20mm	5~10mm
내구수명	50년	100년	500년
조직의 치밀성	• 물 침투함 • CO_2가스, 염화물이온(철근 부식을 일으킴) 침투함	• 물 침투불가 • CO_2가스, 염화물이온 침투함	• 물 침투불가 • CO_2가스, 염화물이온 침투불가(내구수명 증대)

(6) 신규 설계기준 마련

1) L. C. C 개념 도입

L.C.C(Life Cycle Cost)란 건축물의 생성에서 해체까지 소요되는 비용을 말한다(생산비+유지관리비).

L.C.C를 분석하는 이유는 천연자원의 고갈이 예상되고 이에 따라 건축물에서 에너지 자원 및 노동력, 기자재 등의 제 자원을 유용하게 이용하기 위함이다.

보편적으로 건축물의 총 생애비용을 100이라고 할 때 건설비용은 약 15.5%인데 비해 운영관리비가 약 84%(수선 29%, 관리 55%), 해체비가 약 0.5%를 차지하고 있다.

L.C.C 구성 항목은 다음과 같다.

- 기획설계비

  초기 투자비, 건설 기획비용, 현지 조사비용, 용지 취득비용, 설계비, 환경관리비, 효과분석비, 설계 지원비용 등

- 시공비

  공사계약비용, 건설공사비용, 공사관리비용, 환경관리비용, 시공검사비용, 건설지원비용 등

- 운용관리비

  보전비용, 수선비용, 운용비용, 일반관리비, 운용지원비용 등

- 폐기처분비용

  해체비용, 처분비용, 환경대책비용, 잔존가치 등

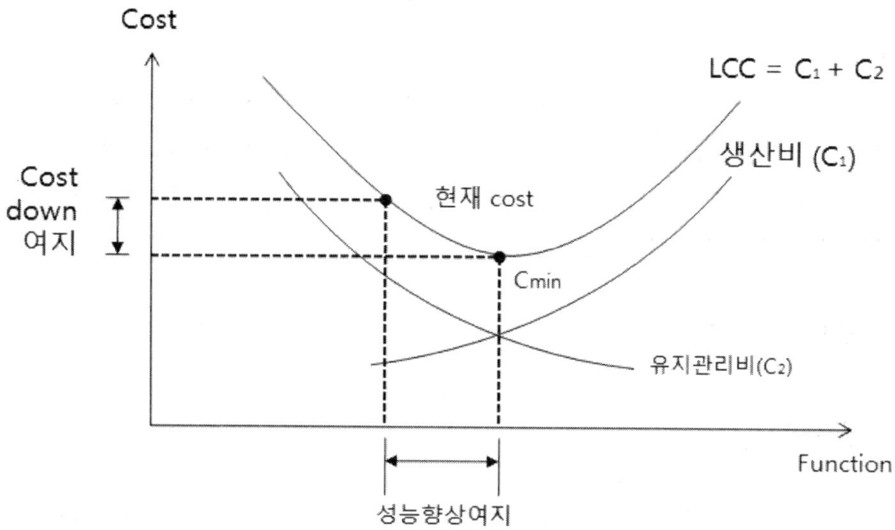

그림 7 | L.C.C곡선

2) 리모델링을 고려한 신축설계

리모델링을 용이하게 하기 위해서는 신축할 때 미리 리모델링을 용이하게 계획하고 설계하는 것이 중요하다. 건설교통부는 2001년 12월 14일 '리모델링을 고려한 건축물 설계기준 및

해설서'를 고시하였다('부록 2' 참조). 여기에는 일반건축물과 공동주택으로 구분하여 고시되어있는데, 기본적인 원칙은 구조체와 설비, 내장, 외장을 분리 할 것. 물리적 내구성과 기능적 내구성을 유지하기 위하여 성능이나 기능유지 및 향상이 가능하도록 공간의 가변성과 구성재의 호환성을 확보할 것. 구성재의 재사용을 통한 환경보전과 리모델링의 효율성을 제고하도록 건식화된 부품사용을 유도하고 KS규격에서 규정하는 내용에 의거하여 생산되는 구성재를 사용하도록 하고 있다. 이러한 지침에 발맞추어 리모델링을 용이하게 신축 설계할 때는 아파트에서 용적률을 최대 20%까지 늘릴 수 있도록 허용하고 있다.

공동주택에서는 다음과 같은 사항을 고려하여 신축할 때 미리 계획하여 반영하여야 한다.

- 충분한 공용 공간 확보
- M.C설계 및 건식 부품 사용
- 가변성 확보(벽식구조 지양)
- 내진설계
- 구조 점검구 설치
- 장래 증축이나 설비 증설에 대비
- 배관 매립 지양 및 여유 공간 확보, 점검구 설치
- 전용배관은 공용배관으로부터 독립성 확보
- 전용 수직배관은 한 곳으로 집약하거나 외부에 배치
- 공동구 ; 여유 공간 확보

그리고 일반건축물은 다음과 같은 사항을 고려하여 계획하여야 한다.

- 설비공간의 여유확보
- M.C설계 및 건식 부품 사용
- 공간 가변성을 고려한 구조설계
- 구조체 내구성 확보
- 구조 점검구 설치
- 구조체 이력 작성 보존
- 증축 및 용도변경을 고려한 구조설계

- 구조체와 설비 분리
- 점검 및 유지관리 용이성

3) 표준화와 모듈

표준화를 통하여 규격자재 및 부품의 대량생산, 공급에 따른 수요체계의 안전성을 확보하고 사회적 경비를 절감시키며 사용 자재의 호환성에 따른 건축물 수명을 연장시키고 시공의 정밀도를 향상시킬 수 있다.

표준화 방법은 건축물 설계에서 자재생산, 시공에 이르기까지 건축물 상호간의 치수, 성능 등에 공통된 언어로서 기능을 제공하는 것이다.

이를 통하여

· 생산성 향상
· 경제성 향상
· 품질 향상
· 생산기술 합리화를 이룰 수 있다.

분야별로는 설계와 시공, 자재의 표준화를 통하여 목적을 달성할 수 있다.

a) **설계표준화** [MC(modular coordination, **척도조정**)**설계**]

M.C는 건축의 재료, 부품, 설계, 시공 등 전반에 걸쳐 치수 상 유기적인 연계성을 형성한다. 설계의 표준화를 통하여 건축구성재의 생산과 건축시공과의 유기적인 연계성 및 호환성 확보를 유도할 수 있다.

* 모듈의 개념 ; 건축과 구성재의 치수를 결정할 때 몇 가지로 집약되는 편리한 단위치수. 기본모듈(1M=100mm), 증대모듈(3, 6, 9, 12, 15, 18, 30, 36, 72M), 보조모듈(M/2, M/4, M/5, M/10)이 있다.

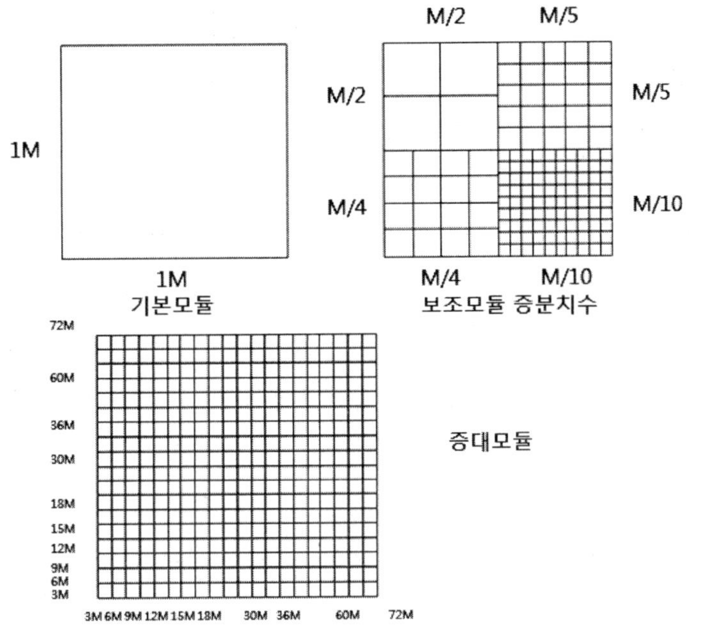

그림 8 | 기본 모듈, 보조모듈, 증분 모듈 및 증대모듈

b) 자재 규격화

건축구성재 생산 시 품질관리를 바탕으로 건축구성재의 치수 및 성능을 표준화하여 기준체계를 정립하는 것으로 설계표준화와 시공표준화를 상호 유기적으로 연계시키는 것에 중요한 의의가 있다.

c) 시공 표준화

설계와 자재 규격화의 유기적인 연계성 확보를 바탕으로 건축물의 질적 향상을 구현하는데 중추적인 역할을 담당한다. 시공 표준화는 시공정합(Job Coordination)을 바탕으로 모듈치수 계열로서 규격화된 건축구성재를 건축공간이나 건축구성재 상호간에 정합성 및 호환성을 확보함과 동시에 건축시공의 질적 향상을 적극적으로 유도할 수 있는 방법이다.

4) 서포트(support)와 인필(infill) 개념 도입

건축물의 구성재는 크게 고정적인 역할을 담당하는(주로 구조적, 간선요소 ; 보, slab, 기둥,

계단실, 설비 덕트, 승강기 등) 부분과 비고정적 역할을 담당하는(비구조적요소 ; 마감재, 창호, 배관자재, 위생기기 등) 부분으로 나누어 생각할 수 있다. 여기서 비고정적 역할을 담당하는 부분은 비교적 내구영향이 적기 때문에 건축물의 장수명화를 위한 유지, 관리 차원에서 교체나 호환성이 있는 것을 채택하는 것이 바람직하다. 따라서 비고정적 역할을 담당하는 부분은 필요시에 고정적인 역할을 담당하는 부분에 영향을 주지 않으면서 교체할 수 있도록 설계 시 사전에 반영하는 것이 리모델링을 활성화하는데 도움이 된다. 배관 및 설비교체를 위한 외부 공용 덕트 및 점검구, 이중바닥, 이중배관, 조립 가능한 배관구조, 전기 배선 내장 문, 예비 덕트/배관설치 등은 차후 리모델링을 용이하게 하는 요소들이다.

이러한 배경은 다음 표에서도 알 수 있다.

표는 건축물 노후화에 따라 기능회복 차원에서 각 부문별(골조, 마감, 설비)로 발생되는 공사의 빈도를 보면 다르지만 자연발생적으로 퇴화 및 열화 부분의 원상회복 과정에서 필요한 개략적 수명을 보여주고 있다.

표 에서 보는 것과 같이 건축물 신축 당시 비용은 마감 〉 골조 〉 설비이다. 그러나 부문별 수명을 고려하여 생애 교체횟수를 계산한 전 생애비용은 골조부분이 가장 적은 비율이 된다.

표 9 ▌부문별 수명(교체주기)

부문	평균 수명	생애 교체 횟수
골조	60 ~ 80년	1회
마감	30 ~ 40년	2회
설비(전기)	15 ~ 20년	4회

표 10 ▌부문별 비용

구 분	신축시 비용 비율(%)			전 생애 비용 비율(%)		
	골 조	마 감	설 비	골 조	마 감	설 비
업 무 용	30	40	30	13(30×1)	35(40×2)	52(30×4)
공동주택	30	50	20	14(30×1)	48(50×2)	38(20×4)

(7) 생태건축

생태건축이란 자연자원과 에너지를 효율적으로 활용하여 자연경관과 유기적으로 연계된 건축을 의미한다.

1) 목표

- 건축시공과 사용에 필요한 에너지와 자원의 수요를 최소화한다.
- 자연시스템과 재사용 가능한 자원을 효율적으로 활용한다.
- 물과 공기오염, 외부 방출 열, 쓰레기, 폐수의 량과 농도 그리고 토양의 포장을 최소화한다.
- 대지 주변에 다양한 종(種)의 동·식물의 서식이 가능하게 한다.
- 건축물의 주위경관에 어울리도록 가해 없이 배치하고 이를 통해 궁극적으로 건강한 주생활과 일이 가능하게 한다.

2) 기존 건축과 생태건축의 비교

- 기존건축 : 에너지와 물질을 소모하여 폐기물 발생. 에너지와 물 공급설비 및 폐기물 처리설비가 필수적으로 필요하여 유지관리비가 증가하고 환경오염을 초래 함.
- 생태건축 : 자연생태계의 일부로서 생태계에 가해 없이 자연 자원 활용 건축물이 지구구성 4요소인 토양, 물, 태양, 공기를 주 순환체계로 하는 환경에서 서로 종속적이다.

3) 생태환경의 요소기술 분류

건축물은 총 에너지 소비의 1/3, 자원 소비량의 40%, 쓰레기 발생량의 50%를 차지한다. 생태건축의 실험을 위한 노력은 관련 기술 분야에서 꾸준히 연구되고 있으며 그 개략적인 요소기술은 다음과 같다.

- 부지/조경분야 : 침식 및 호우대응기술, 열섬방지기술, 토지 이용률 제고기술

- 에너지 분야 : 부하저감 기술, 고효율설비, 자연에너지 이용기술, 배·폐열회수 기술, 실내 쾌적성 확보 기술
- 공기분야 : 청정외기 도입 기술, 실내 공기질 개선, 배기가스 공해 저감 기술, 시공 중의 공해 저감 기술
- 소음분야 : 건축 계획적 소음방지 기술, 시공 중의 소음 저감 기술, 실내 발생 소음 최소화 기술
- 물 분야 : 수질개선 기술, 물 공급 저감 기술, 수자원의 재활용 기술
- 재료/자원 재활용/폐기물 분야 : 내구연한 증대(장수명화), 환경 친화적 재료, 폐기물 발생을 줄일 수 있는 리모델링 기법 개발, 자원 재활용 기술, 폐기물 처리기술

4. 건축물 용도별 리모델링 방향

건축물을 리모델링 할 때 그 용도에 따라서 방향 설정은 달라야 한다. 예를 들면 주거용 건축물은 사용자의 취향에 만족하도록 하는 것이 중요할 것이고, 수익성을 극대화하여야 하는 상가건물은 공사기간을 최대한 단축하여 상가 폐장기간을 최소화해야 할 것이다.

다음은 건축물 용도에 따른 기본 방향설정 내용이다.

(1) 주택 및 공동주택

- 사용자의 용도와 목적에 맞는 내·외장 변경
- 생활의 편의성 및 취향의 만족
- 합리적인 수납공간의 배려와 다용도 공간의 구성
- 실내구조의 최신 스타일로의 변화와 안락함
- 방 및 거주공간의 위치, 크기변경
- 초고속 정보통신망과 보안

(2) 상가, 근린생활시설

- 공사기간을 단축하고 자금손실을 극소화
- 현대화되고 개성있는 이미지연출로 수익성 개선
- 건축물의 자산가치를 높임
- 영업의 활성화를 유도할 수 있고 상가의 특성과 용도에 맞는 건축물 추구

(3) 호텔, 숙박시설

- 안정성과 쾌적성이 높은 건축물 유지
- 리모델링을 통한 각종 행사와 연회 등의 지명도를 높임
- 노후화에 따른 이미지 하락을 반전시킴
- 현대화되고 새로운 이미지로 고객의 만족도를 극대화

(4) 백화점, 쇼핑센터

- 편안하고 즐거운 동선 처리
- 노후설비 시스템 교체 및 쾌적하고 편리한 주차계획
- 주요 고객층을 대상으로 한 점포 레이아웃 및 내·외장 디자인
- 편의시설의 확충(고급화된 화장실, 어린이 보호 놀이시설, 각종 문화강좌시설)

(5) 사무소

- 건축물의 복합적 성능개선을 통한 인텔리전트화
- 효율적 관리와 이용을 통한 비용절감요소의 적극적인 반영(에너지절약)
- 신축보다 저렴한 비용으로 임대수익 향상
- 노후된 외장 및 내장을 최신 재료와 관리효율이 높은 것으로 대체함으로써 건축물 인지도와 이미지 제고

- 업무환경개선
- 입주자 요구에 대한 대응

(6) 병원

- 환자에게 진료에 대한 신뢰감과 병원 이용의 편리성 제고
- 접수와 진료가 원활히 이루어질 수 있도록 공간계획과 동선 배려
- 친근감 있는 마감재와 조명, 색채 등으로 정서적 안정감 도모
- 첨단 의료시설 설치와 지능화된 계획
- 쾌적한 대기실 및 휴게개념의 공용공간 배려

(7) 교육 연구시설

- 노후된 기존시설의 공간 재배치를 통한 활용성을 높임
- 학생수 증감에 따른 대응(증축, 개축, 여유시설의 용도변경)
- 건축물의 이미지 제고
- 강의실과 연구실의 기능을 현대화(정보관계 설비 확충)
- 부속시설의 증축, 연계활용
- 원활한 동선구축과 시스템화된 공간 구획
- 교육, 연구의 질적인 향상을 위한 안정적인 마감재 사용

(8) 스포츠시설

- 법적 규제에 대한 대응
- 여성 이용자 증가에 대한 대응
- 서비스 수준의 제고

제4장
리모델링 절차

1. 개요

건축물 리모델링은 리모델링의 필요성이 발생하면서부터 시작된다. 리모델링 필요성이 발생하게 되면 일반적으로 리모델링 전문업체에 사업추진을 의뢰하게 된다. 이때 전문업체는 건물 소유자, 이용자, 관리자 등 이해 관계자로부터 요구사항을 일차적으로 청취하고 조사 작업을 진행한다. 전문업체는 각 이해관계자들의 다양하고 상충된 요구에 대해 체계적인 분류 및 분석 작업을 시행하고 지속적인 피드백(feed back)으로 리모델링 요구를 명확히 파악해 나가는 것이 필요하다.

리모델링이 신축공사와 다른 점은 계획부터 건물소유자 등이 계획내용에 직간접적으로 깊이 관여한다는 점이다. 이는 새로운 건물을 계획하는 것이 아니라 기존 건물이 존재하고 있고 이를 바탕으로 리모델링이 전개되기 때문이다.

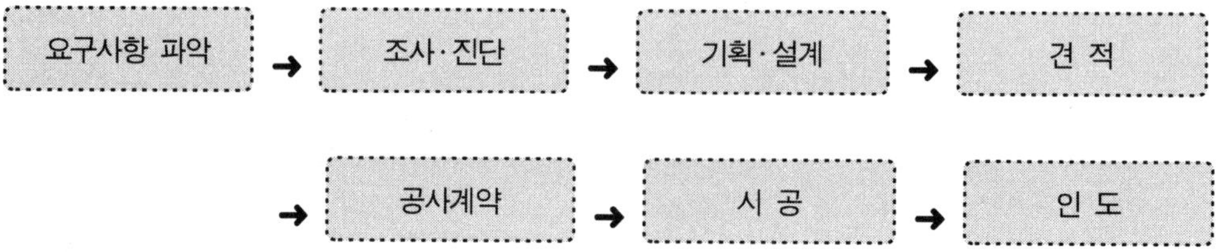

그림 9 ‖ 리모델링 흐름도

2. 리모델링 요구 사항

일반적으로 리모델링의 필요성이 요구되는 사항은 다음과 같다.

(1) 구조보강

구조보강문제는 삼풍백화점 붕괴, 성수대교 붕괴 등에서 교훈을 얻은 것처럼 건물의 안전과 인명보호, 재산보전과 밀접한 관계가 있으므로 가장 중요한 리모델링 요구사안이라고 할 수 있다.

(2) 방재, 방범성능 향상

건물의 재난방지와 방범을 위한 요구도 빠뜨릴 수 없는 리모델링 요구 사안이다. 건물의 화재예방이나 피난, 대피를 위한 시설과 방범설비의 확충은 거주자의 안전은 물론 심리적 안정에도 기여하는 바가 크다.

(3) 편의시설 확충

주차장, 조경, 휴식공간 확충, 부대시설 개선, 커뮤니티 시설 확충 등 전체 단지 환경개선을 위한 리모델링 요구는 공동주택에서 특히 많이 나타나고 있다.

(4) 환경에 대한 배려

단열 기준이 상대적으로 약했던 시기 건축물은 난방 및 냉방비가 과다하게 발생함으로써 어려움을 겪고 있다. 이와 같이 건물의 열 환경, 쾌적한 실내공기 환경, 층간소음 및 외부로부터의 소음 환경, 쾌적한 빛 환경 등의 확충을 위한 환경적인 배려는 리모델링을 위한 요소로서 빠뜨릴 수 없다.

(5) 정보화에 대응

전기 통신시설의 발전, 정보 통신기기의 증가 등으로 정보 샤프트의 신설, 이중바닥의 설치, 기계공간의 증설 등 리모델링의 요구가 증가되고 있다. 특히 IT기술의 발달로 건축과 IT기술의 결합에 따른 스마트빌딩은 시대적인 요구 사항이다.

(6) 건물 이미지 향상

가장 전형적인 리모델링이 건물의 이미지 향상을 위한 마감재의 교체이다. 이를 통하여 외관의 변화와 주변 환경과의 조화를 이루고 벽지, 도장, 바닥재 교체는 물론 창호, 설비분야 기기의 노후화로 기능향상을 위한 리모델링은 가장 일반적인 리모델링 필요성으로 나타난다.

(7) 기능의 향상

노령인구의 증가로 노인을 배려한 건축물 리모델링도 앞으로 많이 발생할 것이다. 사용자 및 입주자 교체에 따른 사용 편의의 변화, 용도변경 등을 통한 내부공간의 변화와 편의성 추구를 통한 건축물 기능향상은 건축의 3대 요소 중 하나이다.

(8) 기타

역사적인 건축물 재생과 보존을 위한 리모델링도 리모델링 요구의 한 요소가 된다. 그리고 사업타당성 분석을 통한 경제적인 이익 창출 필요성 등도 리모델링 요구로 나타나고 쓰레기 처리 문제와 물의 이용, 가스배출 문제도 리모델링을 위한 요소로서 나타난다.

표 11 ‖ 건축물 리모델링의 유형

사회 환경의 변화	A) 구조 보강 • 내진 보강 • 설비기기의 내진 성능 향상	B) 방재·방범 향상 • 소방설비의 향상 • 자가발전기의 설치 • 급수시설 확충 • 경비시설의 설치	C) 노·약자 보호 • 손잡이 설치 • 장애자용 화장실 설치	D) 환경 배려 • 쓰레기 문제 • 물의 이용, 관리 • 가스배출 문제
건물 이용자 욕구의 다양화	E) 정보화 대응 • OA기기대응 • 전원용량 증강 • 이중바닥시스템 설치	F) 에너지 절약 • 에너지 절약 공조 • 시스템 설치 • 자연에너지 채용 • 청소 곤도라 설치	G) 쾌적성 향상 • 공조환경 향상 • 빛 환경개선 • 화장실 개선 • 휴게실 설치	H) 이미지 향상 • 외관 쇄신 • 인테리어 개선
	I) 용도의 변화 • 타 용도 전환 • 이용방법의 변경	J) 증축 • 스페이스 확장 • 공간 절약기기 설치	K) 재생 • 경관 개선	L) 보존 • 역사적 환경 보존
건물의 기능 유지	M) 설비의 갱신 • 열원설비의 갱신 • 공조기의 갱신 • 전원설비의 갱신	N) 안전의 확보 • 외벽타일 낙하방지 • 철구조물의 부식방지 • 콘크리트 중성화 대책	O) 방수성능의 확보 • 옥상방수 갱신 • 옥외건구의 갱신	P) 오염 제거 • 외벽 청소 • 백화현상 대응

*자료 : 윤영선·이상영·박용석, 서울 오피스빌딩 리모델링 수요, 한국건설산업연구원, 2000.4

3. 기획·설계

건축주 측의 리모델링 요구와 조사, 진단 결과를 기초로 하여 구체적인 건물의 리모델링 계획으로 연결하는 작업이 기획단계이다. 여기서는 다양한 리모델링 요구를 건물의 어느 부분에서 어떤 방법으로 리모델링해야 하는지 또는 다양한 요구의 시급성에 따른 우선순

위, 법규 및 공사 중 제약 등에 대해 검토하여 리모델링 내용을 항목, 범위, 예산 등의 구체적인 공사내용으로 발전시키는 단계이다. 이를 통하여 도면이라는 그림으로 나타나게 된다.

4. 견적

공사를 발주하기 위해서 먼저 공사비가 얼마나 소요되는 가를 알아야 한다. 공사비가 얼마나 소요되는가를 나타내는 서류가 견적서인데 일반적으로 내역서와 혼용되어 사용되는 용어이다. 견적서는 공사를 하는 데 드는 자재비, 노무비, 경비 등 모든 비용을 미리 세목으로 계산하여 구체적으로 밝힌 서류를 말한다. 이러한 공사비를 산출하는 방식에는 다음과 같이 크게 2가지로 나눌 수 있다.

(1) 개산견적

주로 설계도서가 완성되기 이전 단계에서 과거의 공사실적 자료나 경험 등을 기초로 개략적으로 공사비를 산출하는 방식이다. 정확성은 상세견적보다 많이 떨어지지만 개략적인 공사예산 윤곽을 잡는 데는 빠르고 유용하다.

예; '일반적으로 주택공사는 평당 350만원이면 지을 수 있다.'

(2) 상세견적

완성된 설계도면, 시방서, 현장설명 등을 바탕으로 각 공정 또는 부위별로 공사비를 산출하는 방식이다. 상세견적을 내기 위해서는 구체적인 설계도서가 작성되어야 하고 설계도서를 바탕으로 상세한 물량을 산출하고 노임과 각 재료의 단가를 곱하여 전체적인 공사비를 산출하기 때문에 견적서를 작성하는데 노력과 시간이 많이 필요하다. 상세견적서를 작성하기 위해서는 도면을 정확하게 보고 적산을 할 수 있는 능력이 있어야 하며 시중 물가와 시중 노임 등을 잘 알아야 한다. 공사 내역서는 공사 완료 후 설계변경 등 공사비 증감 요소가 발생하였을 때 공사비를 정산할 수 있는 근거 자료가 된다.

5. 공사계약

시공회사가 선정되고 난 후에는 반드시 계약서를 작성해야 한다. 계약서는 발주자와 수급자 쌍방이 공정하고 대등한 입장에서 작성해야 하는데, 국가에서 표준도급계약서를 만들어 공정한 입장에서 계약이 이루어지도록 하고 있으므로 계약서는 표준도급계약서를 사용하는 것이 좋다. 공사계약서를 작성할 때 가장 중요한 것이 안전사고 처리 문제와 공사비 지불방법이다. 이를 위하여 공사내역서에 안전관리비를 명시하고 공사비는 공사한 만큼만 대금을 지불하도록 하여야 한다. 그러나 아무리 잘 된 계약서로 계약하였다고 해도 신뢰가 무너지면 분쟁이 생기기 마련이다.

구두로 계약하여도 신뢰만 쌓이면 분쟁 없이 공사가 끝나는 경우도 있으나 아무리 꼼꼼하게 계약서를 작성 하였다고 하여도 상호 불신이 쌓이면 분쟁이 생긴다. 따라서 계약서 보다 중요한 것은 상호 신뢰를 쌓는 것이다.

공사계약서류는 2통을 작성하여 건축주와 도급자가 각 각 1통씩 보관 하도록 한다. 이때 도급계약서에 기재되어야 하는 내용은 '민간건설공사 표준도급계약서'에 기재된 내용들이다. 그리고 첨부되는 도급계약 일반조건에는 설계변경 및 공사 중지 시 도급액 변경과 손해 부담, 천재지변으로 인한 손해 부담, 제3자가 입은 손해부담, 분쟁해결 방법, 안전사고 처리 관계 등이 기재된다.

표 12 ▌계약 시 필요 서류

계약 시 필요 서류	내 용
도급계약서	공사내용, 공사금액, 공사 착공 및 준공시기 등을 기재한 서류로 발주자와 수급자가 각각 한부씩 보관한다.
설계도면	건축물의 여러 가지 요소들의 크기, 형태, 위치, 배열 등을 점이나 선, 기호 등으로 나타낸 것
공사비 내역서	공사의 총금액을 상세하게 하나하나 밝혀 적은 서류
공정표	공사의 계획과 진행 상황 등을 적어 두고 공사 진행을 관리하는 도표
시방서	발주자가 의도하는 건축물을 건설하기 위하여 시공자에게 요구하는 모든 사항 중 도면을 제외한 모든 것을 말하며 설계도에 기재할 수 없는 사항을 글로 써서 나타낸 문서이다.

6. 아파트 리모델링 절차

일반 건축물에 대한 리모델링 절차는 기본계획 수립 후 사업계획승인을 득한 후에 착공할 수 있으나 아파트 리모델링은 많은 주민들의 의견과 협의 후에 동의를 구해야하고 특히 수직으로 증축할 때는 구조적인 문제를 가장 중요 시 해야 하기 때문에 안전진단을 2차례 실시하는 등 절차가 복잡하다.

다음은 수직증축을 위한 아파트 리모델링 절차이다.

표 13 ▌수직 증축 시 리모델링 절차

절차	주요내용	비고
추진제안	• 입주자대표 회의 등에서 리모델링 추진 제안	
리모델링 주택조합 설립	• 리모델링 주택조합의 소재지를 관할하는 시장·군수 또는 구청장에게 설립 등 인가 - 전체 : 단지 전체 및 각동의 구분 소유자와 의결권의 각 2/3 이상 결의 - 동별 : 동별 구분소유자 및 의결권의 각 2/3 이상 결의	
안전진단 (1차)	• 구조안전성을 평가하여 수직증축 가능여부 등 증축 리모델링 가능 여부를 판정 • 안전진단 결과 재건축 사업의 시행이 필요하다고 결정된 경우는 증축형 리모델링 불가	
건축심의	• 용적률, 건폐율, 높이제한, 일조권, 건축선 지정, 조경, 대지안의 공지, 공개공지 등 건축특례의 완화범위를 결정	전문기관 안전성 검토 (기본설계)
행위허가 (사업계획승인)	• 조합 또는 입주자대표회의가 시장·군수의 허가를 받아 시행 - 전체 : 단지전체 구분소유자 및 의결권의 각 4/5 이상 동의와 각 동별 구분소유자 및 의결권의 각 2/3 이상 동의 - 동별 : 동별 구분소유자 및 의결권의 각 4/5 이상 동의 ☞ 세대 수 증가시 기반시설영향 등에 대해 별도 도시계획심의 및 30세대 이상 증가시에는 별도 사업계획승인 절차이행	전문기관 안전성 검토 (실시설계)
이주	• 분담금 확정 및 총회, 이주	
안전진단 (2차)	• 주민 이주 후 구조안전에 대한 상세확인을 위해 안전진단 실시 (1차 안전진단 적합성 확인 등)	
착공	• 착공, 사용검사 등	

제5장 리모델링 계획과 설계

1. 개요

일반적으로 리모델링 계획 및 설계는 건축물의 물리적 성능향상 뿐만 아니라 사회적 기능도 향상시켜 쾌적하고 편리한 사용 환경을 만들어 부가가치를 높여 경쟁력을 강화하는데 있다.

리모델링 계획과 설계는 크게 일반건물과 공동주택으로 나눌 수 있는데 일반건물은 공동주택과 달리 증축보다는 기존의 규모를 유지하면서 미관이나 기능, 성능개선을 위한 리모델링이 많다.

반면에 공동주택은 단위세대 뿐만 아니라 단지계획에서부터 주민 공동시설에 대한 환경, 미관, 기능, 성능개선과 증축 등에 리모델링이 따르는 것이 일반적이다.

리모델링 전　　　　　　　　　　　　리모델링 후

그림 10 ▌아파트 리모델링 전후 모습

그림 11 ▌상가 건물 리모델링 과정

2. 기존 아파트 특성

기존아파트의 시대적 특성을 살펴보면 그 시대의 요구나 환경에 따라서 꾸준하게 변화되는 것을 느낄 수 있다. 그 시대적 요구에 의해 건립한 아파트는 세월의 흐름에 따라 요구 수준이나 환경에 맞지 않으므로 리모델링을 필요로 하는 이유로 나타나고 있다. 따라서 트렌드와 환경변화로 사회가 요구하는 점과 기존 아파트의 특성을 분석하면 현대 사회에 맞는 새로운 리모델링 계획에 도움을 줄 수 있다.

(1) 구조

아파트구조는 시공의 용이성과 층고 감소 등을 위한 장점 때문에 전반적으로 기둥식구조에서 벽식구조로 변화하고 높이도 저층에서 고층으로 변화하는 경향을 보이고 있다.

1) 1970년대 이전 ; 기둥식구조

1970년대 이전 아파트 구조는 기둥·보 구조형태를 띄고 있어 층고가 상대적으로 높다. 따라서 칸막이 벽이 비내력벽이기 때문에 벽 해체 후 다양한 평면으로 리모델링이 자유로워 사업성은 물론 리모델링 후 효과가 크다. 단열법규가 완화되어있던 시기이기 때문에 열손실이 많고 저층아파트가 주류를 이루고 있다.

2) 1980년대 아파트 ; 벽식구조

1980년대 아파트는 일방향 벽식구조를 띄고 있는데 격자형 벽식구조보다는 리모델링 효과가 크나 기둥식구조에 비해서는 효과가 적은 편이다. 느슨한 단열규정 때문에 열손실이 많아 열손실로 인한 리모델링 요구가 크고 층간소음도 많은 것이 특징이다.

3) 1990년대 이후 ; 격자형 벽식구조

격자형 벽식구조는 가로·세로 모두가 내력벽을 이루고 있어 리모델링을 위한 벽체 철거가 제한적이다. 따라서 평면계획에 많은 제약이 따르고 사업성 효과도 적어 리모델링도 내부 인테리어 수준이거나 수직증축이나 수평증축에 한정된다.

단열기준도 일부 강화되었지만 크게 개선된 것은 없는 시기이다. 특히 현재 층간소음 문제가 사회적인 이슈로 부각되고 있는데 이 시기에 신축한 아파트가 가장 심각한 문제를 야기하고 있다. 벽식구조는 기둥식구조보다 층간소음에 아주 취약하다.

표 14 ▌시대별 아파트 구조형태와 리모델링 타당가능성 분석

1. 70년대 아파트 구조형태	2. 80년대 아파트 구조형태	3. 90년대 아파트 구조형태
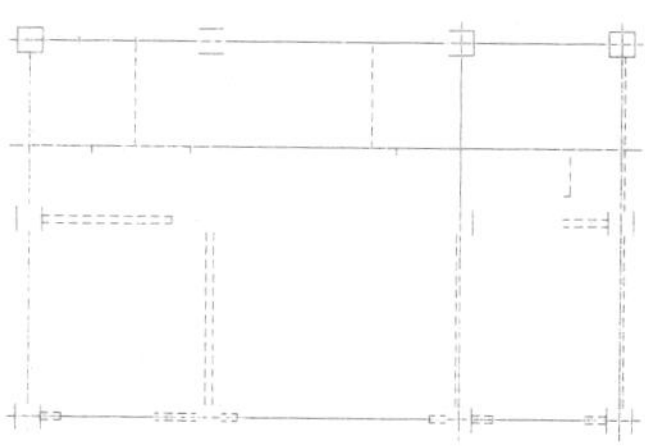	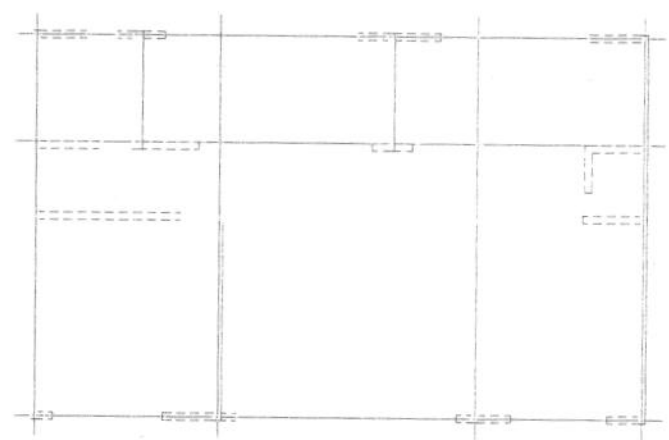	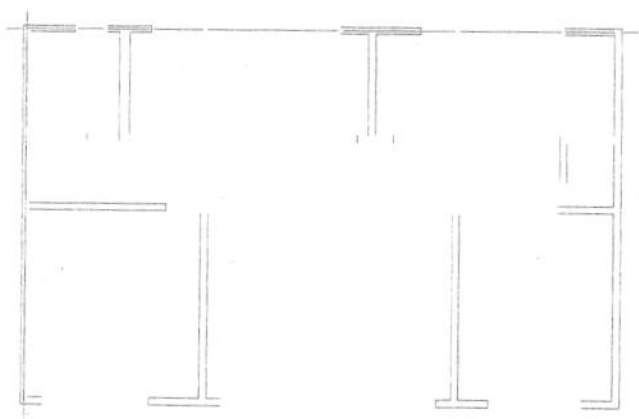
1. 구조형태 : 기둥, 보 구조형태 (층고 높음) 2. 리모델링 가능성: 내부 칸막이벽 해체 후 다양한 평면으로 리모델링 효과 큼 3. 사업성 : 사업성 효과 큼 4. 사례 : 일반적으로 5층 이하 아파트에서 많이 볼 수 있음	1. 구조형태 : 세로벽식 구조+내부 칸막이 구조형태 2. 리모델링 가능성 : 세로벽식 구조이나 내부칸막이 해체로 리모델링 효과 적당 3. 사업성 : 사업성 효과 적당 4. 사례 : 일반적으로 10~15층 아파트에서 많이 볼 수 있음	1. 구조형태 : 가로, 세로 내력벽식 구조형태 2. 리모델링 가능성 : 가로 세로 내력벽의 해체 불가능으로 리모델링 어려움 3. 사업성 : 사업성 효과 적음. 내부 인테리어 수준 4. 사례 : 일반적으로 15층 이상 아파트에서 많이 볼 수 있음

(2) 코어형태

1) 계단 형태에 의한 분류

a) 복도형 아파트

1990년대 초까지 아파트는 복도형으로 구성된 것이 많다. 복도형에도 편복도형과 중복도형이 있다. 대규모로 주택을 보급하기에는 맞는 형태이다. 그러나 복도형 아파트는 복도 측에는 프라이버시나 도난 등 안전, 소음 등의 문제가 많고 복도 측에는 발코니가 없어 수납공간이 부족한 실정이다. 복도형 아파트는 계단실형 아파트로 리모델링하는 것이 일반적인 추세이다.

b) 계단실형 아파트

1990년대 후반부터 대부분의 아파트는 하나의 계단실에 두세대가 공유하는 계단실형 아파트를 건립하였다. 이러한 아파트 리모델링은 엘리베이트 홀을 넓히거나 일부벽체를 철거하여 전실을 확장하고 발코니 등을 이용하여 수평증축을 행하는 것이 일반적인 방식이다.

2) 외관에 의한 분류

a) 판상형 아파트

판을 쌓아놓은 모양 외관을 가진 건물형태로 모양이 단조로우며 앞뒤 일조권에 제약을 받을 수 있다. 하지만 맞통풍이 양호하다.

또 1990년대까지 아파트의 형태는 판상형 구조가 대세를 이루었다.

b) 탑상(타워)형 아파트

코어를 중앙에 두고 코어를 중심으로 주호를 배치하여 아파트 외관이 탑처럼 솟은 형태의 아파트를 말한다. 2000년대 이후 일률적인 판상형 아파트에 대한 식상함과 대지의 효율적인 이용 등의 이유로 탑상형 아파트의 선호도가 급격히 증가 하였다. 판상형에 비하여 외관이 자유롭고 조망권과 일조권도 양호한 편이다. 그러나 통풍이나 환기에 취약하고 리모델링에 불리하다. 이러한 문제로 최근 들어서는 인기도가 시들어가는 양상을 보이고 있다.

(3) 단위평면

20~30년 전 가구는 세대 구성원이 많아 방을 많이 가진 평면을 선호하는 경향이 강했다. 따라서 기존 아파트는 작은 면적의 아파트도 방이 많은 경향이 있다. 그러다보니 전면에 실의 배치수가 적고 앞뒤로 실의 배치가 많다. 그리고 주방과 화장실 등은 후면과 구석진 부분에 배치하고 거실보다 큰방의 용도가 중요시 되는 경향이 많은 등 아파트에 대한 고정관념이 강한 경향이 있었다.

(4) 주민공동시설

산업의 발달로 차량보유수가 급속히 증가하고 있다. 기존 아파트를 계획 할 당시에는 주차장확보가 크게 문제시 되지 않았으나 갑자기 늘어나는 차량문제로 대부분 아파트가 주차장 협소로 어려움을 겪고 있다. 주차장도 지하보다 지상에 배치하는 경우가 많아 단지의 쾌적한 녹지 환경보다 주차장이 우선시 되는 경향이 많았다. 또한 주민 편의 시설도 현재와 같이 다양하지 않고 노인정이나 유치원, 놀이터 등에 한정되어 있었다.

3. 아파트의 새로운 변화

아파트의 새로운 변화를 알고 리모델링에 임해야 한다. 물론 기존 구조물의 구조적 한계 때문에 다양한 계획에는 한계가 있겠지만 수요자의 욕구에 최대한 근접할 수 있고 창의적인 리모델링 계획과 기법을 발휘하는 것이 아파트 리모델링을 활성화 시킬 수 있는 지름길이다.

(1) 21세기 주거환경의 변화

정치·경제·사회 등 사회여건의 변화로 전통적인 가치관이 흔들리고 새로운 트렌드가 빠르게 나타나고 있는 현실에서 주거공간도 시대적 요구에 부응하고 있다. 소득의 증가 등 여러 여건의 변화로 삶의 질이 높아지고 독신자 증가 및 핵가족화로 1인1가구가 급증하고 있다. 역설적으로 자연과 친화하려는 욕구 증가로 주거시설 내에 자연친화적인 요소 도입이 많아지고, 고령자증가로 노인들이 생활하기 편리한 시설이 많이 필요하게 되었다. 이러한 사회변화는 중소형아파트를 선호하는 현상으로 나타나고 디지털기술의 발전과 편리한 주거환경을 선호하는 추세는 외부에서 실내 모든 기능을 조절할 수 있고 실내에서도 내·외부 정보를 한눈에 알 수 있는 스마트한 기능을 요구하게 되었다.

그리고 개인 삶의 질에 대한 관심과 욕구가 개인 삶을 변화 시키고 여유시간을 이용한 개인의 취미생활은 활발해지고 단지 내에서 모든 욕구를 해결하려는 경향도 강해지고 있다.

(2) 단위평면의 진화

실을 개방하려는 욕구가 급격히 늘어나고 있다. 발코니 확장이 합법화되면서 단위세대 평면은 앞뒤 길이는 줄어들고 좌우 길이가 늘어나는 추세로 발달하고 있다. 이는 전면에 많은 거실을 둘 수 있기 때문에 조망 및 채광, 일조가 좋으며 환기나 에너지절약에도 유리하다. 또한 측면개방으로 실의 2면 개방형 구조가 나타나고 있다. 이러한 변화는 입면의 새로운 형태를 유도하고 있다.

또한 주방이나 화장실 등 전통적으로 후면이나 구석진 부분에 배치하던 공간들을 개방감 있고 조망이 좋은 전면에 배치하는 경향도 나타나고 있어 평면에 대한 고정적인 관념이 다양한 욕구를 수용할 수 있는 경향으로 나타나고 있다. 이러한 욕구수용을 위하여 언제든지 평면을 바꿀 수 있는 가변적 공간연출을 위한 설계는 더욱 발전될 것으로 예상된다.

(3) 특화된 평면

그동안 1층과 최상층은 가격면에서 저렴하게 분양되는 경향이 있었다. 1층은 소음, 조망

등 여러 가지 프라이버시 침해가 있고 단열면에서도 불리하기 때문이다. 또한 최상층은 출입의 불편함이나 단열의 불리 등으로 비선호 되는 경향이 있었다. 하지만 이러한 단점을 극복하고 오히려 특화된 평면으로 개발되고 있다. 노인거주자 증가로 출입이 편리한 1층이 선호되고 고객을 상대하는 재택근무자도 1층을 선호한다. 특히 재택근무자에게는 지하를 이용하여 1층을 복층으로 활용할 수 있는 계획도 등장하고 있다. 이러한 추세에 맞추어 1층 녹지공간을 개인 정원화 할 수 있도록 계획하고 별도 출입구를 설치하여 프라이버시를 높인 평면도 나타난다. 또한 최상층 같은 경우에도 별도 정원을 두고 개인 주택처럼 활용할 수 있고 복층화된 평면이 도입되어 높은 조망권과 프라이버시가 확보된 위치를 최대한 활용하여 그 값어치를 상승시키고 있다. 또한 일률적인 아파트 평면을 지양하고 개인별 맞춤형 평면이 나타나고 있는 것도 새로운 트랜드이다. 예를 들면 한옥풍의 단위평면이나, 멀티 홈과 같이 수익형 아파트, 복층구조, 2~3세대가 거주하는 평면을 요구하는 수요자의 니즈에 맞춘 형태의 평면이 있다. 골조내장분리형 아파트나 마감재 선택형 아파트 등 트랜드를 앞서서 개발하는 것이 우리가 하여야 할 일이다.

다음은 수요자의 니즈에 맞추어 개별성에 대응할 수 있는 사례들이다.

; 3세대 가족형 주택
; 노인주택
; 독신자 주택
; 멀티 홈
; 장애자 주택
; 동호인 주택
; 마감재 선택형 주택
; 평면 주문형 주택
; 가변형 주택
; 골조 내장 분리공급
; 병합형 주택
; 복층주택(1층, 최상층, 중간층)

(4) 주민복리시설의 다양화

한 때는 지하대피소를 의무적으로 설치해야 했던 시기도 있었다. 이 시기 주민복리시설은 노인정, 관리사무소가 대부분이고 대단지에서는 놀이터, 어린이 집 등 유아를 위한 시설이 전부이다. 하지만 생활수준의 향상으로 다양한 요구가 나타나고 있다. 독서실, 영화감상실, 골프연습장, 휘트니스센터, 정보검색실, 샤워실 등의 실들이 나타나고 있고 이러한 시설을 통하여 주민들 간의 커뮤니티활동은 더욱 증가하기 때문에 더욱 다양한 요구들이 나타날 것으로 판단된다. 이러한 다양한 주민복리시설은 공동주택 단지 내에서 모든 욕구를 충족할 수 있는 경향으로 흐른다.

(5) 단지계획

기존 아파트는 주차장이 대부분 지상에 있기 때문에 차량과 보행자 동선이 혼재하고 차도와 인도의 구분이 없는 경우가 많다. 녹지도 주차장에 그 기능을 점용 당하여 녹지공간이 부족한 것이 현실이었다. 이러한 문제 해결을 위하여 비상차량용 이외에는 주차장을 모두 지하화 하는 경향이 나타나고 있다. 지상은 자연과 함께하고 안전한 활동이 가능한 공간으로 나타난다.

4. 아파트 리모델링 사례

리모델링은 여러 가지 어려움이 있겠지만 앞 절에서 이야기 한 21세기의 새로운 주거환경에 맞추어 계획과 설계가 변화하여야 한다. 그러나 기존 건물에 대한 한계 때문에 신축보다는 자유롭지가 못한 것이 사실이다. 이러한 어려움을 고려하여 장래 리모델링이 용이하기 위하여 구조체를 단순화하고 내장 및 부품을 표준화하며 배관 및 설비교체를 위한 설계기법들이 속속 개발되고 있다.

예를 들면 1980년대 이후 아파트는 시공성과 경제적 이유로 라멘조에서 벽식구조로 급격히 변화되었다. 이러한 변화는 층간 소음을 많이 발생시키고 리모델링을 힘들게 만드는 요인으로 나타나고 있다. 따라서 공동주택에서 벽식구조를 지양하고 라멘조로 계획함으로서 리모델링을 용이하게 하는 기법이 대표적인 사례이다.

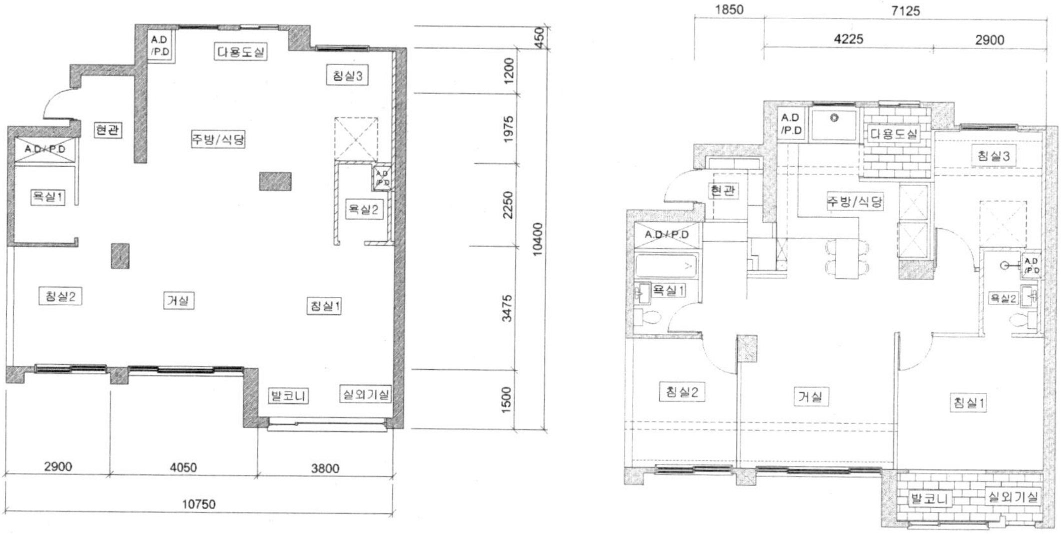

〈기본 구조도〉 〈단위 평면 계획〉

그림 12 ▌라멘조를 통한 평면계획 사례

(1) 세대확장 및 통합

1) 수평 확장형

가장 일반적인 리모델링 형태이다. 아파트 앞뒤 발코니나 복도를 포함하여 수평 확장하여 리모델링하는 형태이다. 복도식은 계단실형으로 리모델링한다. 전용면적을 늘릴 수 있는 것이 가장 큰 장점이다. 하지만 발코니만 확장 할 경우 축열공간이 없기 때문에 단열에 불리하고 무엇보다 전면 폭이 변화하지 않는 상태에서 앞뒤길이가 길어지기 때문에 채광과 환기에 불리하고 피난공간과 수납공간 등 서비스공간이 줄어드는 단점이 있다.

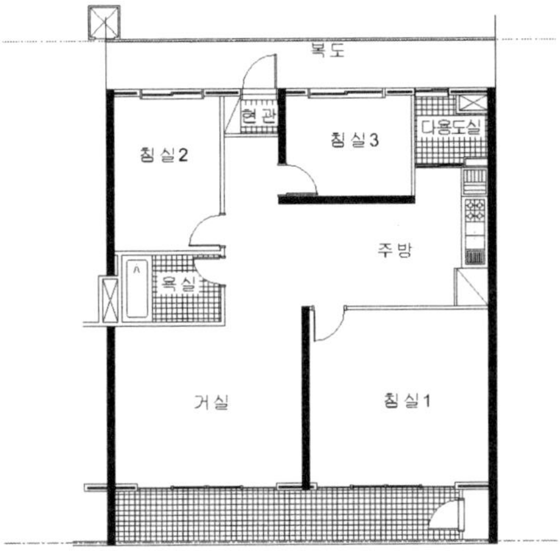

〈증축 전 평면〉

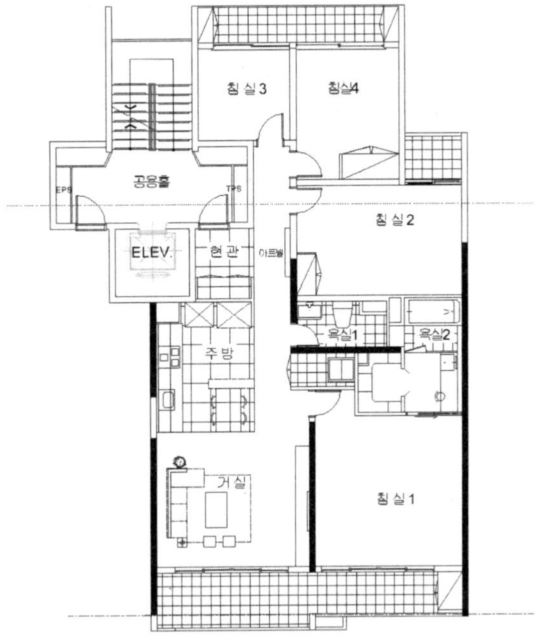

〈수평 증축 후 평면〉

그림 13 ▌수평 증축 평면

2) 수직 통합형

전술하였듯이 발코니 확장은 단위세대 면적이 넓어진 만큼 조망권을 추가 확보할 수 없고 재해시 피난에 따른 불안도 항상 안고 있다. 이러한 문제점을 개선할 수 있는 리모델링 방법이 상하통합형 리모델링이다. 상하통합형 리모델링은 하층과 상층사이에 계단을 설치하여 2개층을 사용할 수 있도록 리모델링하는 형태를 말한다. 2층 단독주택의 장점을 살릴 수 있고 세대면적이 넓어진 만큼 전면 조망과 채광이 늘어나고 층별에 따른 프라이버시를 확보할 수 있기 때문에 2세대나 3세대 가구로도 사용이 가능하다. 또한 재택 근무 시 주거와 직장의 개념에서 영역을 확실히 구분 지을 수 있다.

하지만 상하통합형은 세대 간 아파트 매매라는 동의를 얻어야 하는 문제가 있다.

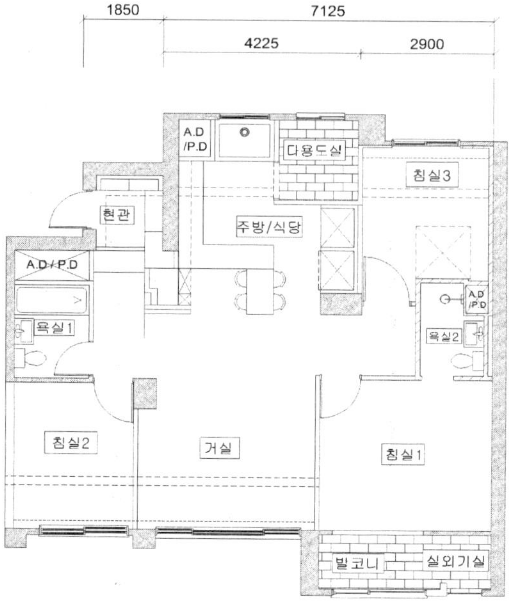

〈단위세대 평면〉

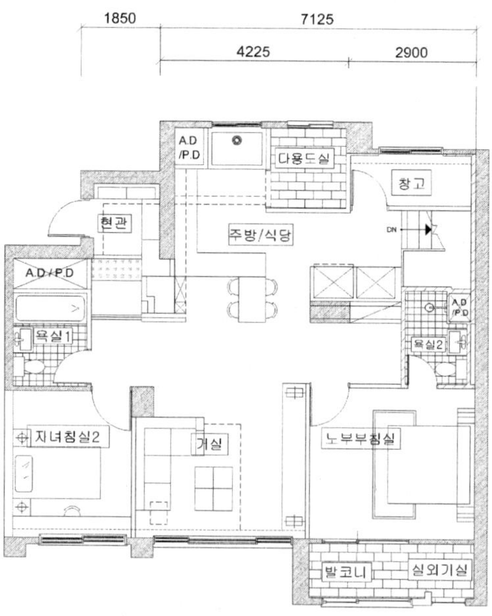

〈수직통합 3세대 동거형(하층 평면)〉

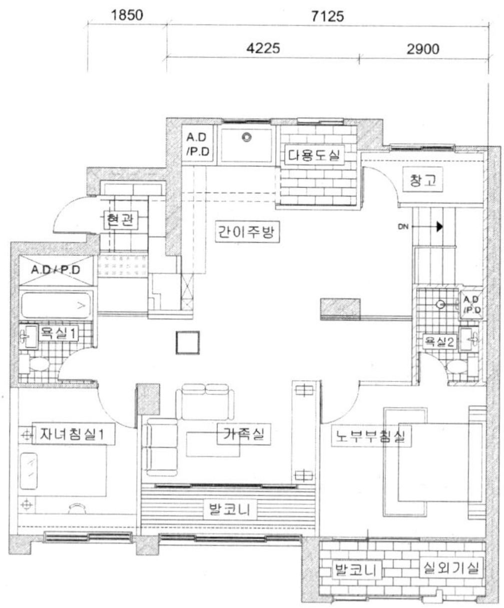

〈수직통합 3세대 동거형(상층 평면)〉

그림 14 ▌수직 통합 사례

3) 좌·우 통합형

좌우통합형은 좌우세대를 하나의 세대로 통합하는 형태이다. 상하통합의 수직이동을 수평 이동으로 변화시킨 방법이다.

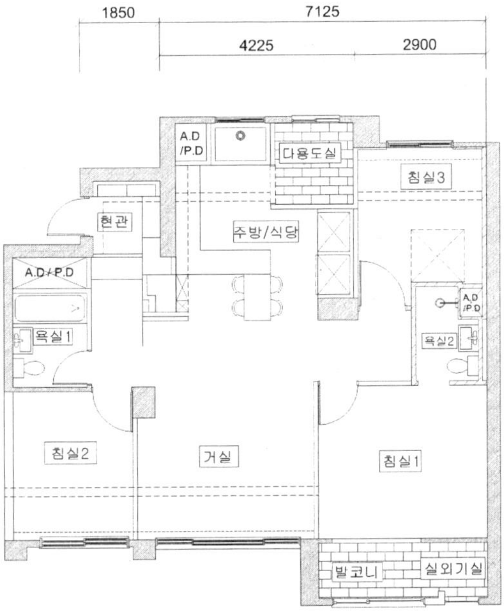

〈좌우통합 전 단위 세대〉

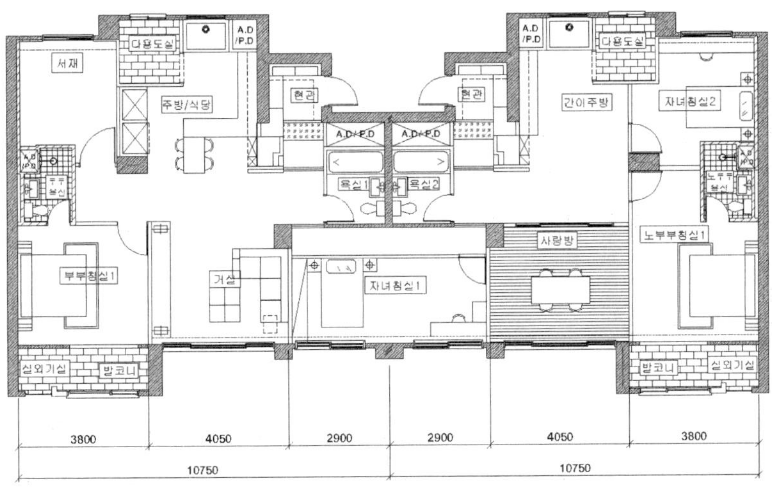

〈좌우 통합 후〉

그림 15 ▌좌우 통합 사례

4) 층간 좌우통합에 의한 새로운 기능부여

라이프 스타일이 변화하면서 이에 따른 사회구조는 급변하고 있다. 한 사회의 구성단위로서의 전통적인 가정의 개념은 사라지고 주거와 직장의 개념도 점차 흐려져 재택근무라는 통합공간이 보편화되고 있다. 따라서 일상생활에서 업무외적인 여가시간 활용이 중요시 되고 있다. 이러한 관점에서 단지나 주동으로 볼 때 다양한 공공이용시설의 설치 등 새로운 공간과 용도를 가진 구성도 가능하다.

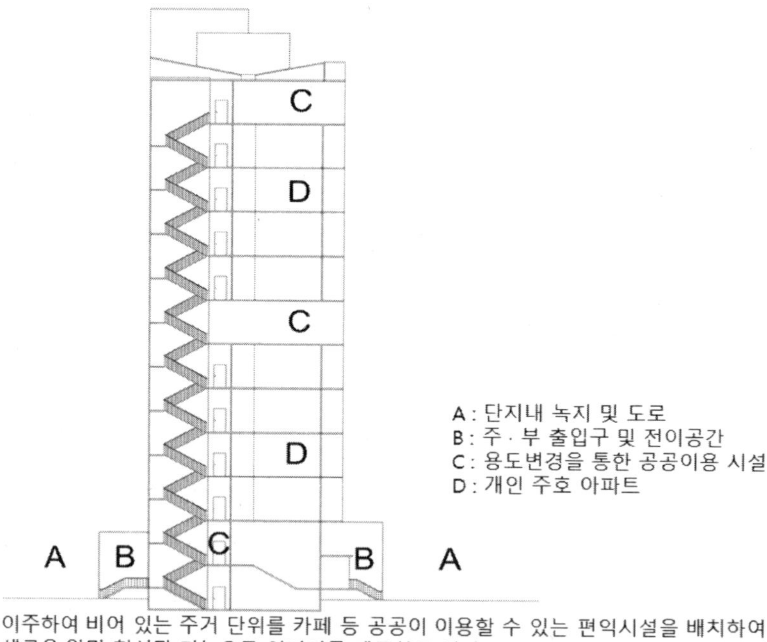

이주하여 비어 있는 주거 단위를 카페 등 공공이 이용할 수 있는 편익시설을 배치하여 새로운 입면 형성과 기능으로 이미지를 제고하고 있다.

그림 16 ‖ 새로운 기능이 부여된 아파트의 단면

(2) 멀티 홈

멀티 홈 방식은 세대 구분형 아파트로 임대를 통한 임대수익이 가능한 세대 증축방식을 말하는 것으로 아파트 리모델링 시 세대 내 일부공간을 별도로 구분하여 대학생, 독신자, 고령자 1~2인 가구에 임대를 줄 수 있게 한 증축 리모델링을 말한다.

표 15 ▌멀티 홈 건설지침 기준(2012.5.14. 시행)

항 목	내 용
적용대상	• 신축 아파트 • 리모델링 아파트(기준 명문화)
규모제한	• 면적에 관계없이 가능 • 최소 주거면적 14㎡ 이상
설계기준	• 독립된 현관 • 1개 이상의 침실, 개별 부엌 및 샤워시설이 구비된 욕실 • 세대간 통합이 가능한 연결 문 설치 • 가스, 전기, 수도 등에 대한 별도의 계량기 구비
부대, 복리시설	• 기반 시설 부담이 가중하지 않도록 임차가구의 수 및 임차가구의 전용면적이 각각 전체 세대수 및 전용면적의 1/3을 초과하지 않도록 한다. • 부대, 복리시설 및 주차장설치 의무 면제
기대효과	• 임대를 통한 수익발생(전세금으로 공사비 대체효과 또는 월세 수익 발생) • 대형 평형 1~2인 소유주 사업 참여 기대

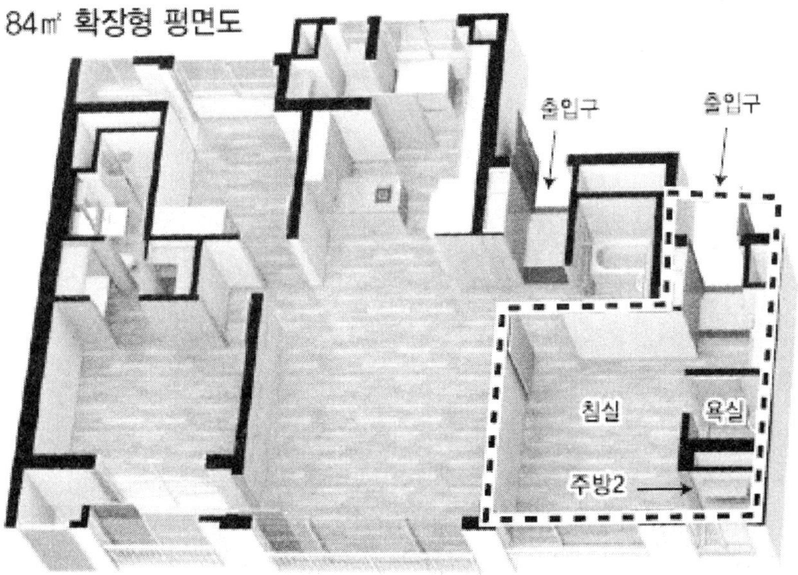

그림 17 ▌멀티 홈 방식 예(한 집에 2가구가 사는 임대아파트)

(3) 주차장 증설

기존 아파트의 가장 큰 문제점이 주차장 부족이다. 이로 인하여 보행 및 차량동선이 혼재하여 단지 내 위험요소로 작용하고 있다. 그 결과 조경공간이나 놀이터 등 공공복리시설을 없애고 주차장화 하는 경향이 나타나고 있다.

지상공간의 협소로 인하여 주차난 및 거주환경 개선을 위하여 건축물의 확장과 동시에 주동 사이 공간을 굴토하여 주차공간으로 활용할 수 있도록 한다. 장애자용이나 비상차량 주차공간 이외에 지상은 모두 녹지공간으로 활용하여 주민 휴식공간으로 전환한다.

세대당 1대의 주차장을 요구하는 현대와 달리 70~80년대 아파트는 세대당 0.4~0.6대의 주차장을 요구하도록 설계되었다. 따라서 오래된 아파트에서 리모델링을 요구하는 가장 큰 요인 중 하나가 주차장 부족 때문이다.

주차장 증설방식에는 다음과 같은 사례를 들 수 있다.

- Deck를 이용한 지상주차장 증설 방식

  지하를 굴착할 수 없는 경우에 사용한다. 동과 동 사이에 Deck를 이용하여 설치하기 때문에 기존 구조에 영향을 최소화할 수 있고 동과 동 사이 공간을 이용할 수 있지만 1층 프라이버시와 조망권을 침해할 수 있고 단지 규모가 작은 아파트에서는 적용이 곤란한 경우가 있다.

- Deck+지하주차장 증설방식

  단지 여유공간이 적어 지하주차장 만으로는 주차장문제가 해소되지 않을 경우에 사용한다. Deck 상부에 녹지공간과 휴게공간으로 활용할 수도 있지만 Deck를 이용한 지상주차장 증설 방식과 같이 1층에 대한 프라이버시와 조망권 등을 침해할 수 있다.

- 지하주차장 증설방식

  동과 동 사이를 굴착하여 주차장을 지하화 하는 방식이다. 필요에 따라서 지하 2~3층까지도 굴착이 가능한 경우도 있어 굴착이 구조적으로 가능하다면 주차장 확보에 가장 좋은 방식이다.

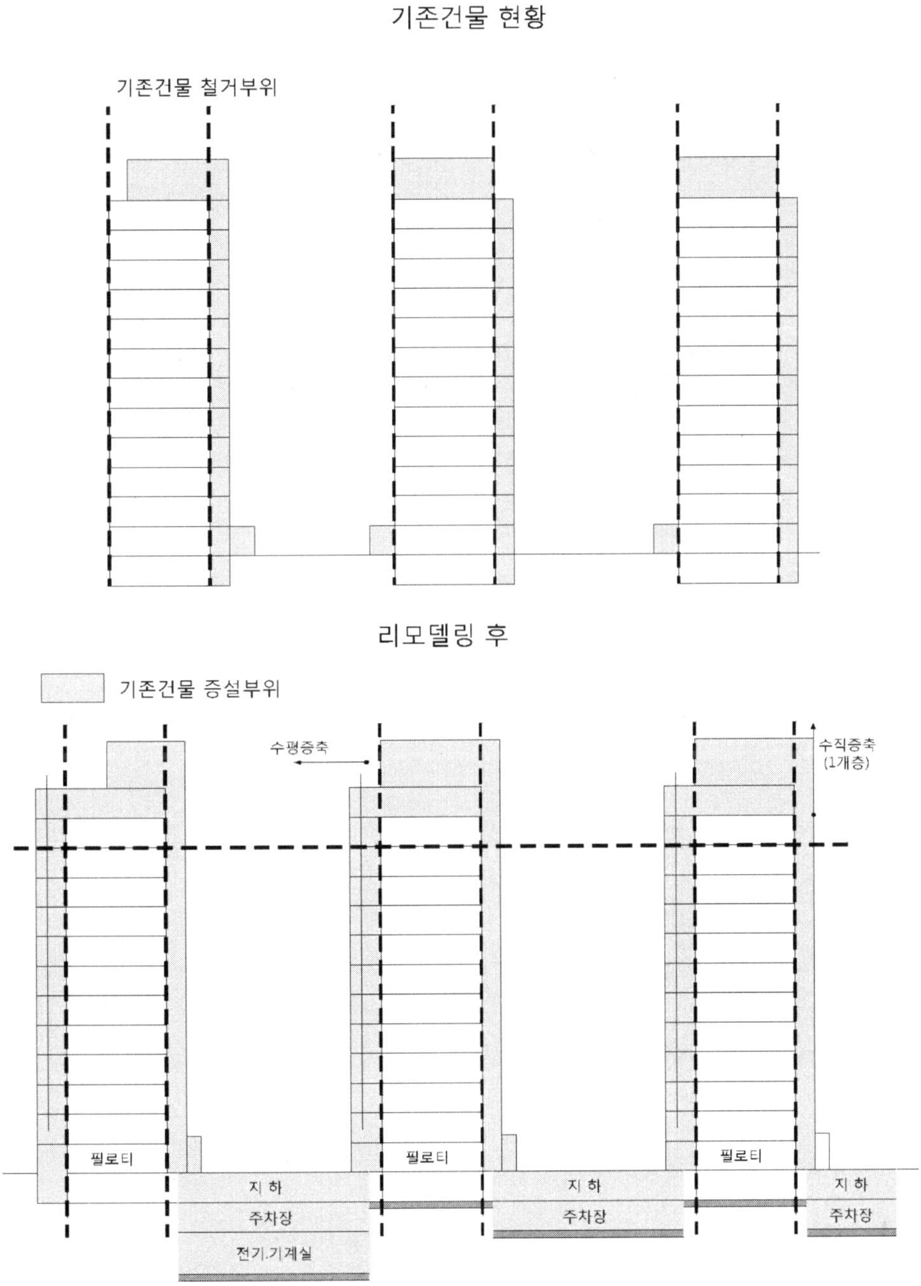

그림 18 ▌리모델링을 통한 주차장 증설 예

그림 19 ‖ 주동간 사이에 주차장 증설공사 장면

(4) 맞춤형 부분 리모델링

필요한 부분을 기존 건물에 덧붙이는 방식으로 특별한 경우 이외에는 적용 사례가 적다.

(5) 수직증축

수직증축은 그동안 구조적인 문제로 인하여 1층을 필로티로 계획하는 경우 외에는 허용하지 않았다. 사실 수직증축의 가장 큰 문제는 구조적인 안전성이다. 구조적으로 15층을 계획하여 시공된 아파트를 2개층 증축하여 17층으로 증축할 경우 붕괴 우려가 크기 때문이다. 하지만 입주민들의 끊임없는 민원 제기와 리모델링 수익성 확보를 통한 재건축 억제, 리모델링 활성화를 위한 정부정책이 맞물려 우여곡절 끝에 구조 안전진단을 2차례 실시하고 수직증축 층수도 제한하는 조건으로 허용하게 되었다.

〈리모델링 전〉

〈리모델링 후〉

그림 20 | 1~2층에 필로티가 적용돼 층수를 높인 사례

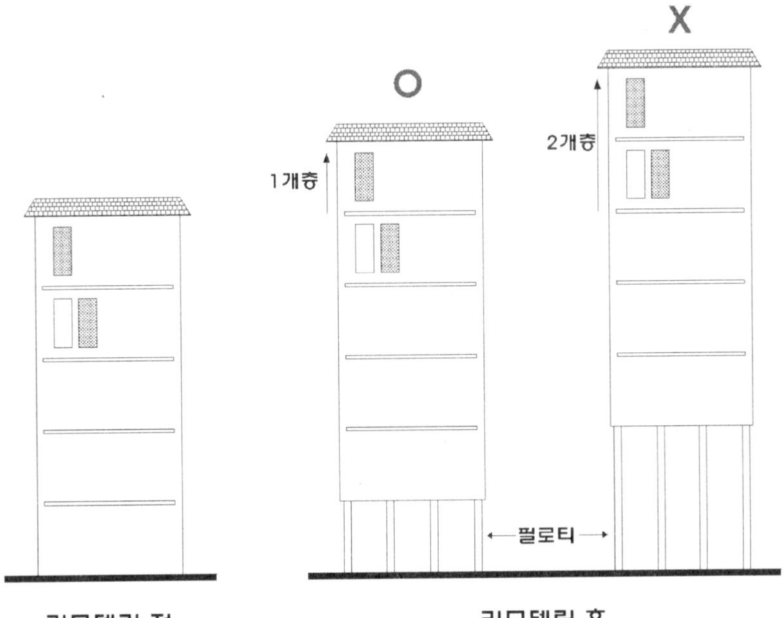

그림 21 | 2013년 6월 이전 기준

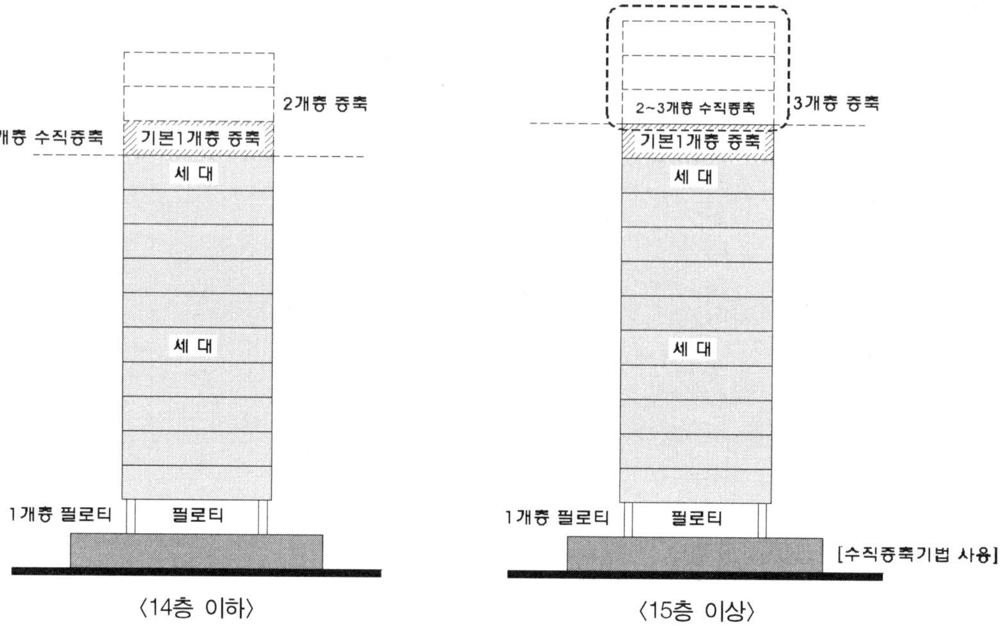

그림 22 ▌2013년 6월 이후 기준

(6) 공동부대시설 특화 계획

기존 단지들의 주민 복리시설은 지하대피소, 노인정, 관리사무소 등이 거의 전부이다. 그러나 현대에는 다양한 부대 복리시설을 요구하고 있다. 대표적인 것이 휘트니스 센터, 실내 골프연습장, 택배 보관실, 게스트 룸, 영화감상실, 정보 검색실, 독서실, 라운지 등이다.

기존 아파트에서 리모델링을 통하여 이러한 시설을 설치하는 유형은 다음과 같다.

- 지하에 설치하는 경우

  공동 부대시설은 기존 지하대피시설에 설치하는 경우가 많다. 가장 일반적인 경우이고 공사비가 저렴하고 좁은 단지에 효율적으로 계획할 수 있지만 기존 구조 때문에 채광, 환기 및 평면계획에 한계가 있는 단점이 있다.

- 동과 동 사이에 설치하는 경우

  동과 동 사이 공간을 이용하여 수직적으로 증축하여 주민복리시설을 설치하는 계획이다.

좁은 단지에 효율적으로 이용가능하고 주민복리시설을 고급화 할 수 있지만 과대한 구조물 계획으로 공사비 증가와 경우에 따라서는 조망권 확보에 문제가 발생 할 수 있다.

- 지상에 별동으로 설치하는 경우

  공지에 별동으로 설치하는 경우는 단지 여유공지에 따라서 한정적이다. 넓은 단지에는 효율적으로 설치가능하고 창의적인 계획이 가능하지만 기존 단지에 별도 건물이 추가되므로 일조와 조망권, 바람길을 막는 문제가 발생할 수 있다.

- 1층 필로티를 이용하는 경우

  1층에 주민복리시설을 계획하면 쾌적한 환경에서 이용할 수 있고 편리하게 접근이 가능하기 때문에 이용 효율도 높일 수 있다. 하지만 세대수가 줄어들기 때문에 사업성이 낮아질 우려가 있다.

(7) 단지 리모델링

신축 아파트일 경우 단지의 특화는 주동 배치계획 및 주동과 주동 사이 조경공간, 휴식공간, 주차장, 공공시설 등을 어떻게 연결하느냐에 따라 그 단지 계획이 결정된다.

그러나 리모델링 단지계획은 주동의 배치를 바꿀 수 없기 때문에 단지계획에 한계가 있다. 이 때 가장 먼저 해야 할 일이 기존 단지의 단점을 파악하여 보완하고 장점은 더욱 극대화 할 수 있는 방법을 찾는 것이다.

먼저 내외부환경을 고려하여 주출입구와 부출입구 위치를 결정하고 차량 동선과 보행자 동선을 구별한다. 지상주차가 많이 필요할 경우 데크 설치로 유기적인 보차분리 동선 체계를 계획하는 것도 방법이다.

지상에 차량 동선을 최대한 배제함으로써 단지 전체에 녹지와 휴식공간, 커뮤니티공간을 계획하도록 한다. 또한 가능한 주민 편의시설도 확충하고 자연채광을 최대한 이용하고 에너지절약적인 설비로 교체하여 환경친화적인 계획을 유도하여 쾌적한 단지가 되도록 한다.

제6장 조사와 진단

1. 개요

조사와 진단은 기존건물의 형상을 실측화하여 상태를 객관적으로 기록하는 작업으로 리모델링 여부의 판단과 그 계획을 위한 기초자료의 정비와 열화 요인을 규명하기 위한 것이다. 이는 의사가 환자를 진찰 후 처방을 내리는 것과 같은 이치이다. 아무리 좋은 리모델링을 하고자 하여도 올바른 조사와 진단이 따르지 않으면 잘못된 방향으로 시공이 되는 것이다.

(1) 조사방법

1단계 조사는 관리자료로부터 정보를 수집하고 설계도서의 검토와 확인을 거친 후 육안이나 실측을 통한 조사이다.

2단계는 간단한 장비나 기구를 이용하여 비파괴시험을 통한 조사이다.

3단계는 고기능 장비나 기구를 이용하거나 파괴시험을 이용한 조사이다.

(2) 진단

진단은 앞서 조사된 건물의 물리적인 부문과 함께 기능적, 가치적 부문을 종합적으로 평가하는 단계이다. 따라서 올바른 조사가 이루어져야 올바른 진단을 할 수가 있는 것이다.

조사는 사전조사와 본조사로 나눌 수 있는데 사전조사는 대상건물의 설계도면에서부터 관련법규적인 문제와 기존 건물상태 및 현황 등의 조사를 말하며 본 조사는 사전조사를 바탕으로 건물의 열화상태를 조사하는 것을 말하며 기존 건물의 형상과 노후화상태를 있는 그대로 도면화하고 기록하는 것이며 본 조사 후에는 조사결과를 바탕으로 원인분석과 보수, 보강방안을 마련해야 한다.

그림 23 ▌열화상카메라를 사용한 건축물 단열상태 조사 및 진단

표 16 ▌건축물 조사 및 진단과정

대상건물 ⇨ 관련법규 및 도면 검토 ⇨ 기존 건물 현황조사

⇨ 건물 안전진단 ⇨ 보수 보강방안 설계 ⇨ 시공

2. 구조 안전진단 검토항목

리모델링을 위한 조사를 위해서 가장 우선해야 하는 것이 기존 도면의 확보와 관련 법규 검토이다. 다음으로 대상 건물 조사를 실시하게 되는데 이때 실시하는 구조안전진단 검토항목은 다음 표와 같다.

표 17 | 부위별 조사, 진단 항목

조사 및 진단 부위	조사 및 진단항목
기초 및 지반부분	a. 건축물의 부동침하량 조사 b. 말뚝 손상, 마찰력, 재하시험 c. 지질조사, 지내력시험
구조체 부분	a. 철근콘크리트 부재 균열현황 조사 b. 부재의 변형이나 진동여부 조사 c. 구조, 구조체 부재 치수 조사 d. 배근상태 조사 e. 콘크리트 중성화 조사 f. 철골 부식상태 조사 g. 재료 강도 시험 h. 건물 진동시험
구조체 해석 진단	a. 구조부재의 허용내력 진단 b. 구조부재의 변형상태 진단 c. 구조체의 진동상태 진단 d. 클리프 등 장기변형 진단
외부마감 부위	a. 철근콘크리트 외벽 상태 - 중성화 정도 - 철근 부식정도 - 균열상태 정도 - 누수상태 - 강도 열화상태 - 변형상태 - 표면열화 상태 - 열손실 부위

	b. 타일, 미장 등 외벽상태 - 오염, 습윤, 녹, 부착, 백화현상 - 균열 - 들뜸, 박리, 박락 c. 금속 상태 - 표면의 녹 - 단면감소 상태 - 피막 상태
내부마감 부위	a. 오염, 변색(먼지, 녹, 때, 기름, 얼룩, 곰팡이 등) b. 부풀음, 들뜸, 갈라짐 c. 마모, 부식, 용해 등

3. 조사, 진단방법

(1) 사전현황 조사

건축물의 상태를 정확히 파악하기 위해서는 우선적으로 대상 건축물에 대한 정보를 최대한 많이 수집하여 분석하는 것이다.

사전현황 조사는 크게 관련 도서 검토와 육안 조사로 나눌 수 있다.

관련도서는 설계도면, 건축물 대장, 공사내역서 및 시방서, 구조계산서, 지질조사보고서, 건물관리대장 등이다.

육안 조사는 경험있는 전문가들이 육안으로 구조물을 직접보고 건물의 노후화상태를 파악하는 것을 말한다.

육안 조사항목에는 균열, 박리, 박락, 오염, 변색, 녹슨 정도, 누수, 백화, 들뜸, 용도변경 여부 등이다.

(2) 마감의 진단

1) 마감 열화 종류

① 표면열화 : 오염부착, 변·퇴색, 광택저하, 마모

② 내부열화 : 팽창, 들뜸, 박탈, 균열, 결손, 열손실

③ 바탕열화 : 탈락, 누수, 부식, 손상

2) 외벽 마감 진단

① 철근콘크리트 외벽

균열(구조적 원인, 알칼리골재반응), 강도저하, 철근부식, 염분함유 등

콘크리트계 열화현상 : 중성화, 철근부식, 균열, 누수, 강도열화, 변형, 표면열화

② 타일외벽

오염, 습윤, 녹 부착, 백화, 균열, 들뜸, 박리, 박락

③ 금속마감

표면의 녹, 단면감소

④ 단열 및 기구 기능 상태

창호 기능 및 열손실 상태, 외벽 열손실 부위

3) 내장 마감 진단

외장보다 열화의 진행이 적다.

① 바닥

오염, 변·퇴색, 부풀음, 들뜸, 갈라짐, 마모, 부식, 용해

② 벽

오염, 변·퇴색, 들뜸, 균열, 오손 등

③ 천장

오염, 처짐, 들뜸, 턱짐, 부식, 틀의 오염과 부식

(3) 본 조사(열화조사)

본 조사는 일반적으로 구조체의 시료를 채취할 경우 이외에는 비파괴검사로 실시한다.

1) 실측조사

실측조사는 확보한 기존 도면을 바탕으로 현장에서 직접 주요 구조부재(슬래브, 보, 기둥, 벽체 등)의 단면 크기, 간격, 높이, 폭, 길이 등을 측정하는 것을 말한다.

그림 24 ‖ 실측 장면

2) 콘크리트 균열조사

균열 폭 조사는 일반적으로 육안으로 조사하는데 상황에 따라서 돋보기나 균열 폭 측정 현미경을 사용하여 측정 한 후 균열도를 작성한다. 균열깊이 조사는 초음파기를 이용한 측정방법을 이용한다. 일반적으로 균열 폭이 0.3mm 이상 시 보수해야 하는 것으로 판단하는데 다음 표는 ACI(미국콘크리트학회) 224R-80에서 철근콘크리트 라멘조에 규정하고 있는 허용 균열 폭이다.

표 18 ▌철근 콘크리트 허용 균열 폭

노출상태	허용 균열 폭(mm)
건조한 공기 또는 보호막이 있는 상태	0.40
습한 공기 또는 흙속에 있는 상태	0.30
동결방지용 약품이 사용된 상태	0.18
해수나 해풍을 반복으로 받는 상태	0.15
물을 저장하는 구조	0.10

그림 25 ▌균열 폭 조사 장면

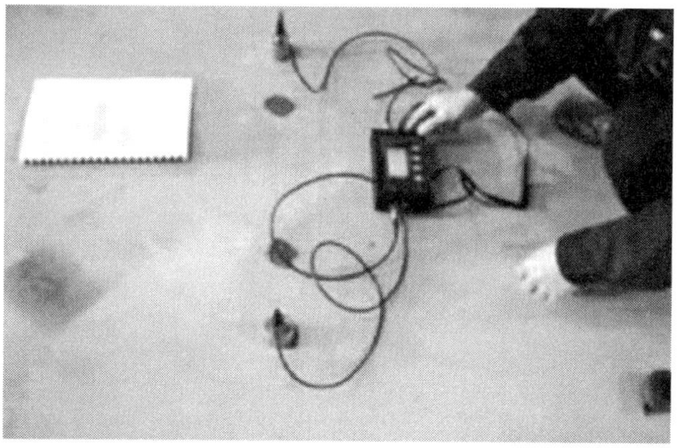

그림 26 ▎초음파탐지기를 이용한 균열 깊이 측정 장면

3) 콘크리트 강도 조사

철근콘크리트 구조물에서 콘크리트 압축강도는 구조물의 안전성에 가장 중요한 부분이다. 따라서 대상 건축물이 기존 설계압축강도와 비교를 통한 안전진단을 실시해야 한다.

콘크리트 압축강도 시험은 일반적으로 다음과 같은 방법이 있다.

a) 코어 압축시험

코어기로 콘크리트 부재의 일부를 직접 채취하여 압축실험기로 압축강도 측정한다.

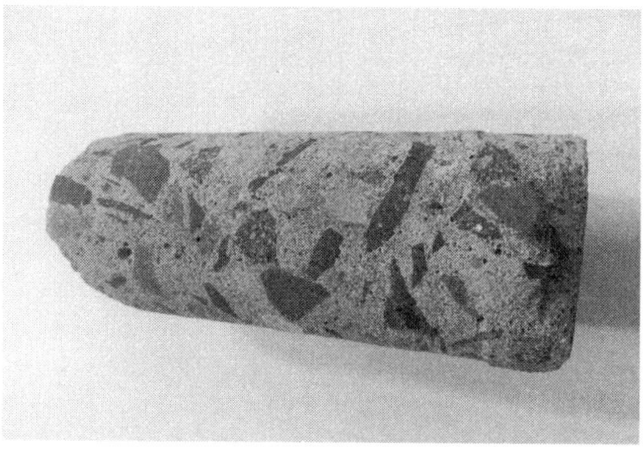

그림 27 ▎콘크리트 코어를 이용한 압축강도실험 장면

b) 슈미트해머를 이용한 반발 시험법

슈미트해머를 이용하여 콘크리트 표면의 단단함을 측정하여 압축강도를 측정한다.

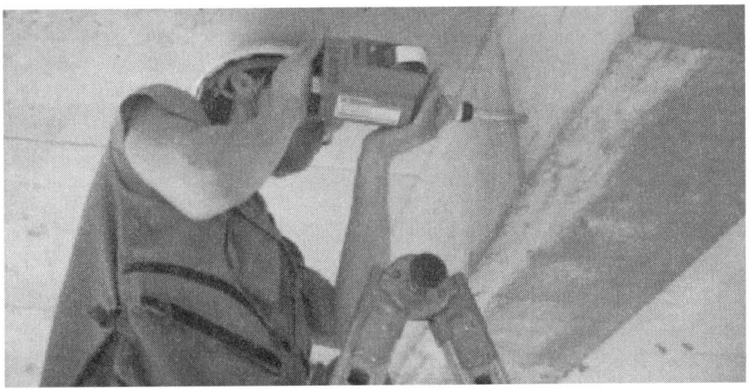

그림 28 ▮ 슈미트해머를 이용한 압축강도 측정

c) 초음파 속도법

초음파 PLUSE의 전파시간 및 속도를 근간으로 하여 콘크리트 내부 밀실도를 조사하여 강도를 측정한다.

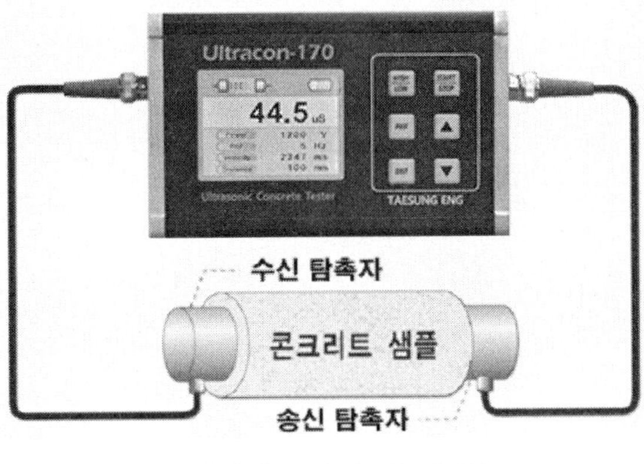

그림 29 ▮ 초음파탐지기를 통한 강도실험

4) 철근 배근조사

철근 배근조사는 콘크리트 내의 철근의 위치를 조사하여 구조도면대로 시공되어있는지 여부를 파악하기 위한 것이다. 보, 기둥, 슬래브, 벽체 등의 본 수, 간격, 철근의 위치, 방향, 콘크리트 피복두께 등을 조사한다.

철근 탐사장비는 초음파를 이용한 탐사법이나 레이더파를 이용한 탐사법 등 여러 가지가 있다.

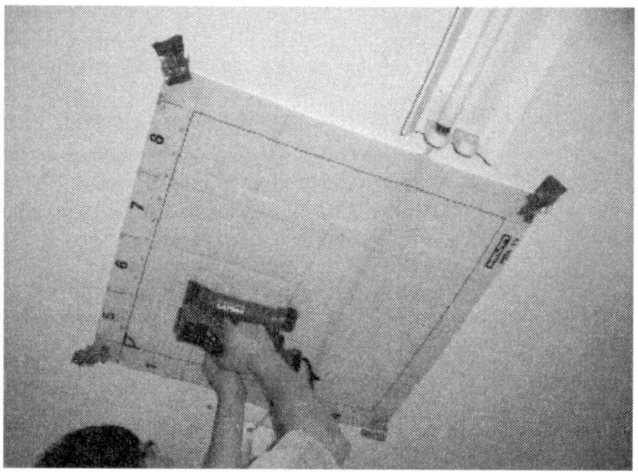

그림 30 | 슬래브의 철근 배근 상태 측정 장면

5) 콘크리트 중성화 조사

콘크리트는 응결과정에서 물과 수화반응을 일으켜 강알칼리성인 $Ca(OH)_2$를 생성하게 된다. 콘크리트 중성화란 콘크리트 내부 강알칼리 성분인 $Ca(OH)_2$와 대기 중의 탄산가스(CO_2)가 반응하여 pH 8.5~10 정도의 약알칼리성인 $CaCO_3$와 물로 분리되는 현상을 말한다.

$$CaO + H_2O \rightarrow Ca(OH)_2$$

$$Ca(OH)_2 + CO_2 \rightarrow CaCO_3 + H_2O$$

중성화 깊이는 간단한 약식을 이용하여 추정할 수도 있다.

중성화 속도

$X=a\sqrt{t}$ (x : 중성화 깊이, t : 경과연수, a : 계수)

그림 31 | 시약도포를 통한 중성화 측정

콘크리트 속의 철근은 강알칼리성인 콘크리트 속에서는 부식을 하지 않지만 콘크리트가 강알칼리성을 잃고 중성화되면 부식이 일어난다. 철근이 부식하면 2.5배 정도의 체적 팽창이 일어나기 때문에 그 압력으로 콘크리트에 균열이 발생하게 되고 발생된 균열을 통하여 외부로부터 탄산가스 유입이 가속화되고 이는 더욱 심한 균열을 유발시킴으로서 최종적으로는 콘크리트구조물의 파괴를 유발시킨다.

콘크리트 중성화에 대한 물리적 시험은 페놀프탈레인 1% 용액을 콘크리트 표면에 도포하여 색상의 변화가 없으면 콘크리트 중성화가 일어난 곳이며 적색을 띄면 정상인 곳을 나타낸다.

6) 염화물 조사

콘크리트 속의 염화물은 철근을 부식시키기 때문에 염화물 함유량을 0.3kg/㎥ 이하로 제한하고 있다. 염화물 조사는 측정 대상 콘크리트 시료를 채취하여 미세한 분말상태(0.15mm 이하)로 만들고 염분추출 용액과 혼합한 후 염소이온 선택성 전극(RCT측정기)을 이용하여 수용액 중의 전위차를 측정한다.

그림 32 ‖ 염화물 조사

7) 철근 부식도 조사

철근 부식도 조사는 콘크리트 속에 매립되어 있는 철근의 부식상태나 정도를 측정하는 시험이다.

그림 33 ‖ 철근 부식도 조사

8) 부재의 변형 및 변위 조사

부재의 변형 및 변위조사는 구조물의 수평상태와 수직상태를 조사한다. 특히 기초의 부등침하는 구조물 전체 안전에 큰 문제를 발생시킬 수 있다.

그림 34 ‖ 변위 조사 장면

제 7 장
보수와 보강

1. 개요

리모델링 활성화에 따라 중요하게 요구되는 분야가 구조물의 보수, 보강기술이다.

여기서 보수란 손상된 구조물의 내구성 향상, 안전성 확보, 미관 등 부재의 내력증진 이외의 기능을 복원 시키는 행위를 말하며, 보강은 구조물 손상에 의한 부족한 부재의 내력을 증진 시키는 행위를 말한다.

보강은 설계하중 이상의 하중 등 위해요인에 구조물이 안전하도록 하기 위해 구조물의 내력을 증진시키는 행위를 말한다. 보수를 위해서는 상태 평가 결과 등을, 보강을 위해서는 안전성 평가 결과 등을 정밀검토 한 후 필요성, 방법, 수준을 결정해야 한다.

결국 보수나 보강은 소정의 요구하는 성능을 회복시키는데 목적이 있으며 그 목적을 달성하기 위한 적절한 공법을 적용하여야 한다. 노후화된 구조물에 대한 보수, 보강은 손상 구조물의 영향 정도, 구조물의 중요도, 사용 환경 조건 및 경제성 등에 의해 보수, 보강 수준을 결정해야 한다.

2. 보수

보수는 사용 도중에 일부분이 손상된 경우 그 원형으로 회복하여 원래 성능을 유지하기 위한 복구 공작을 말하는데 마감재 및 설비부분에 대한 보수도 있지만 가장 중요한 분야가 구조체에 대한 보수이다. 본 장에서는 구조체에 대한 보수에 대해서 기술한다.

(1) 철근, 철골의 부식에 대한 보수

강재는 산화에 의한 녹의 발생으로 부피가 약 2.5~7배 까지 팽창한다. 따라서 철의 녹은 육안으로 볼 때는 상당하게 심각한 것으로 인지될 수도 있으나 실제로는 부피의 팽창으로 과장되어 보이는 경우가 대부분이다.

현장에서 철의 녹은 미관상은 물론 콘크리트, 페인트 등과 부착력 감소 등의 영향으로 항상 논란의 대상이 되고 있다. 철의 산화는 온도가 70℃ 전 후에서 가장 심해지고 pH가 낮을수록 심해진다. 따라서 철의 부식을 방지하려면 산과의 접촉을 막고 고온에 노출되지 않도록 하여야 한다.

1) 철근콘크리트 속의 철근 부식

콘크리트 표준시방서 제4장에는 경미한 황갈색의 녹이 발생한 철근은 일반적으로 콘크리트와의 부착을 해치지 않으므로 사용해도 좋다고 되어 있다. 녹이 철근 표면적을 증가시켜 콘크리트와의 부착력을 강화시키기 때문이다. ASTM(미국재료시험학회)에서는 철근 표면에 발생한 녹으로 인한 중량(단면)의 손실은 원중량(단면)의 6%를 초과하지 않아야 된다고 하지만 콘크리트 속의 철근 녹은 상황이 다르다. 녹의 부피 팽창으로 철근을 피복하고 있는 콘크리트에 팽창 압력을 가하여 콘크리트와의 부착력을 감소시키고 콘크리트 균열을 발생시키는 원인이 되기 때문이다.

철근콘크리트 속의 철이 부식되었을 때는 다음 과정을 거쳐 보수한다.

피복 콘크리트제거 → 철근 녹 제거(와이어 브러시, 샌드 블라스트 등 사용) → 철근의 방청처리(폴리머 시멘트, 수지계) → 단면 복구(폴리머 시멘트 모르터, 레진 모르터)

2) 노출된 철근, 철골 부식

장기간 공사 중단이나 방청도료의 파손 등으로 노출된 철근이나 철골에 부식이 발생하였을 경우에는 녹 제거제나 고압 세척기, 와이어 브러시 등을 이용하여 철의 녹을 제거하고 콘크리트를 타설하거나 방청도장을 거쳐 내화피복재 도포 등의 마감처리 하여야 한다.

그림 35 ▮ 노출된 철근 부식

(2) 콘크리트 보수

1) 표면 피복공법

표면 피복공법은 콘크리트 표면이 오염된 경우, 콘크리트의 중성화 진행을 방지하거나 중성화 된 콘크리트를 다시 한 번 알칼리성으로 만드는 공법이다. 각 상황에 따라서 오염물을 제거하고 재시공하거나 시멘트 모르타르, 합성수지 에멀션 페인트, 에폭시 수지를 사용하여 콘크리트 표면을 강화하여 외부 환경으로부터 보호시키거나 수산화나트륨 등의 알칼리이온을 포함한 용액을 콘크리트 표면에 함침시키는 방법이다. 시공순서는

; 바탕 청소 → 스케일링, 프라이머, 실러 도포 등 바탕처리 → 표면 피복재 바름 → 양생 → 확인

2) 표면 실(Seal)공법

표면 실(Seal)공법은 콘크리트 표면에 균열이 발생하였으나 균열이 미약(0.2m/m 이하)하여 그림과 같이 균열면을 피복재로 피복하여 보수하는 공법으로 가장 간단한 보수공법이다.

사용하는 재료는 에폭시수지, 탄성 실링재, 폴리머 시멘트 페이스트 등이며 보수순서는

; 표면 청소 → 피복재 도포 → 양생 → 청소 후 확인

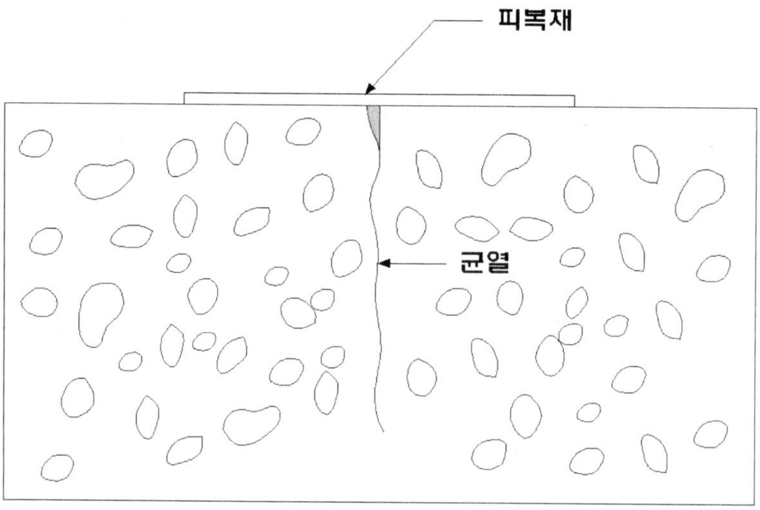

그림 36 ▌표면 실공법

3) 주입 공법

주입 공법은 균열(0.2~1.0m/m)된 곳에 수지계 혹은 시멘트계 재료를 사용하여 가압으로 주입하여 보수하는 공법을 말한다. 특히 수지계 재료는 접착력이 강력하고 시공 후 품질도 좋아 많이 활용되고 있는 공법이다.

주로 에폭시 수지, 폴리머 시멘트를 사용하며 시공 순서는 다음과 같다.

; 바탕 청소 → 주입공 간극과 위치 결정 → 균열 메움 → 주입용 파이프 정착 → 주입재 주입 → 양생 → 주입용 파이프 제거 및 청소 → 확인

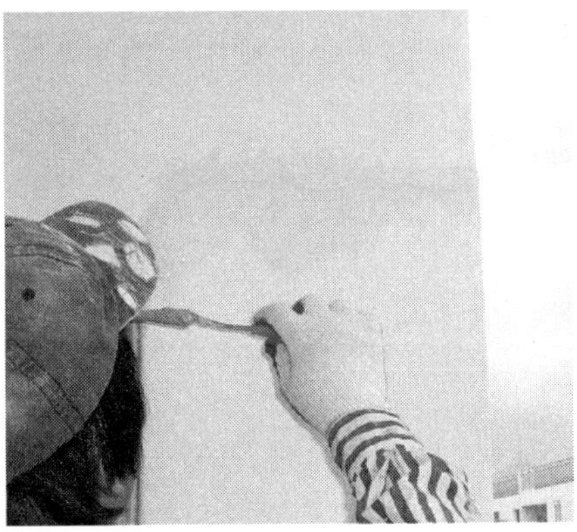

〈주입공 간극과 위치 결정〉

⇨

〈균열 메움〉

⇨

〈주입용 파이프 정착 및 주입재 주입〉

그림 37 ❙ 주입 공법

4) 충전 공법

충전 공법은 균열 부위(1m/m이상)가 큰 경우에 적용되는 공법이다. 균열 부위가 크면 균열 표면에만 피복하거나 균열된 홈으로 주입재를 주입할 수 없기 때문에 충전재를 충전할 수 있는 홈(V자형, U자형)을 만들어 충전재를 충전하여야 한다.

충전재로는 일반적으로 폴리우레탄이나 에폭시 수지, 폴리머 시멘트 모르터 등을 사용하며 시공순서는 다음과 같다.

; 폭10m/m, 깊이 10m/m 정도의 홈 설치 → 청소 → 프라이머 도포 → 충전재 홈 속에 충전 → 양생 → 청소 → 확인

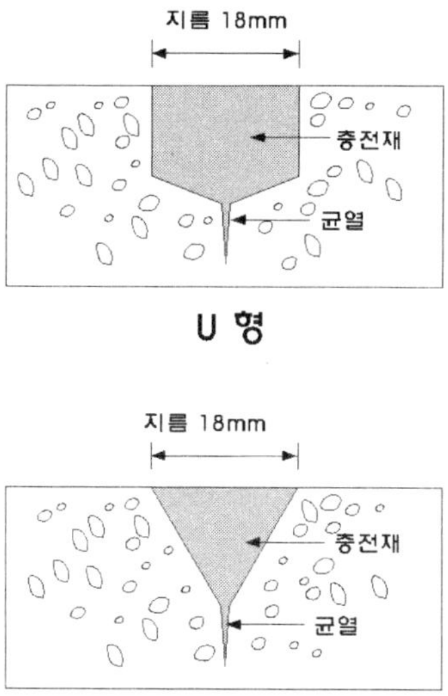

〈철근이 부식되지 않은 경우의 충전 공법〉

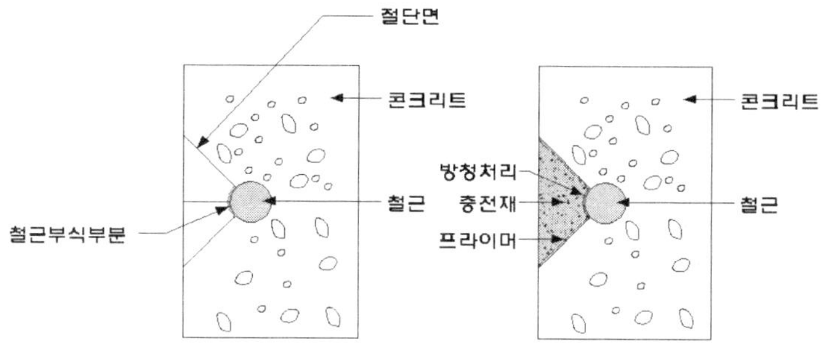

〈철근이 부식된 경우의 충전 공법〉

그림 38 ▌충전 공법

5) 교환 공법

교환 공법은 콘크리트가 중성화되었거나 다른 원인으로 콘크리트 일부분이 본래의 강도를 발휘하지 못한다고 판단 될 때 이 부분을 제거하고 콘크리트나 모르타르로 새롭게 시공하는

방법이다. 치환 공법이라고도 말하는데 기존 부실한 부분을 제거하고 새로운 재료를 사용하여 치환하는 방법이다. 이 때 모르타르나 콘크리트는 본체의 강도보다 3N/㎟ 정도 높은 강도의 것을 사용하는 것이 바람직하다. 시공순서는 다음과 같다.

; 중성화된 부분까지 제거 → 청소 → 프라이머 도포나 앵커 설치 → 콘크리트나 모르타르 타설 → 양생 → 확인

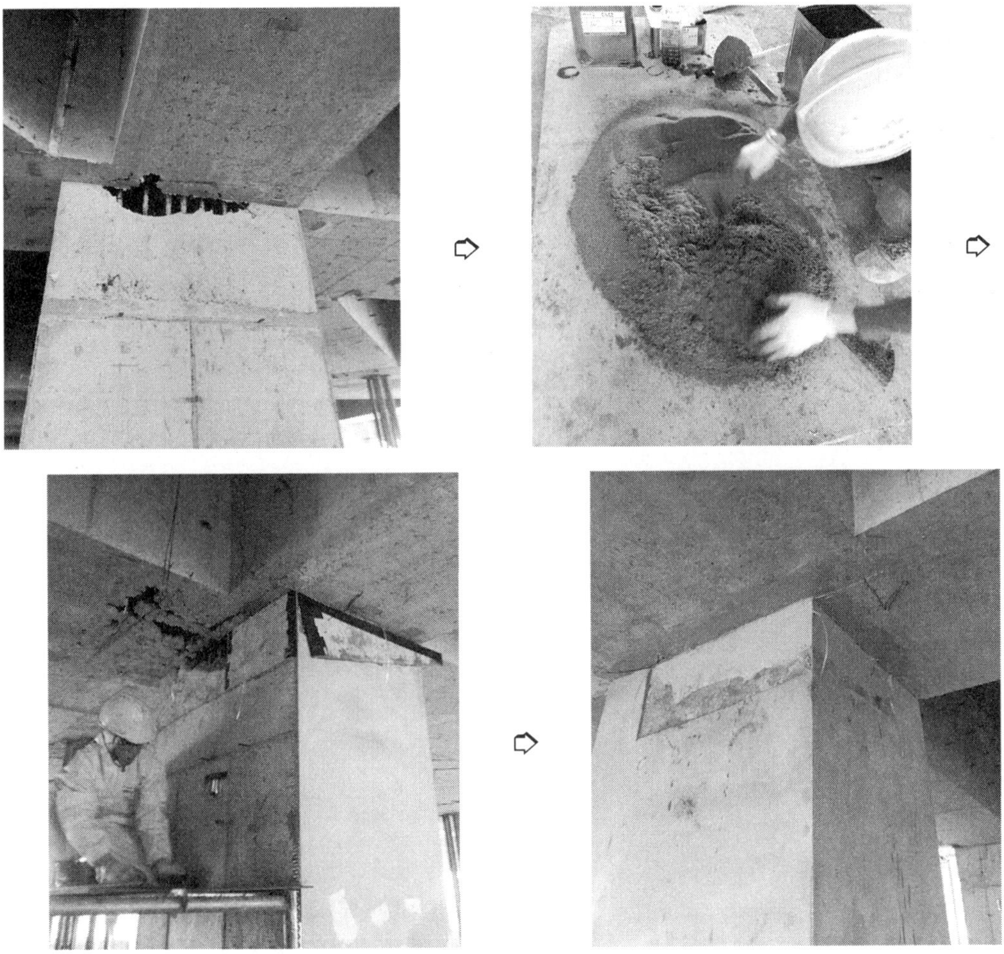

그림 39 ▮ 기둥 콘크리트 치환 장면

3. 보강

구조물의 보강공법은 리모델링 성격 및 조건에 따라 적합한 구조보강 공법과 규모 및 범위가 결정되어야 한다.

이때 구조 안전성, 경제성, 시공성, 유지관리 등을 고려하여 최적의 방안을 선정하도록 한다.

(1) 콘크리트 단면증설 공법

기존 건축물 내력을 보강하기 위하여 기존 기둥이나 보 등에 새로운 철근콘크리트 등을 덧대어 시공하는 공법이다. 기존 기둥이나 보의 표면을 취핑(Chipping)한 후 철근 등을 배근하여 일체화된 철근콘크리트 구조물로 보강하는 보강공법이다. 이 경우 건물의 총중량이 증가하여 기초 혹은 지정에 영향을 미치므로 채택된다하여도 부분적인 경우가 많다. 단면증설공법에서는 신설하는 철근의 정착과 신·구 콘크리트의 부착력을 충분히 확보하는 것이 중요하다.

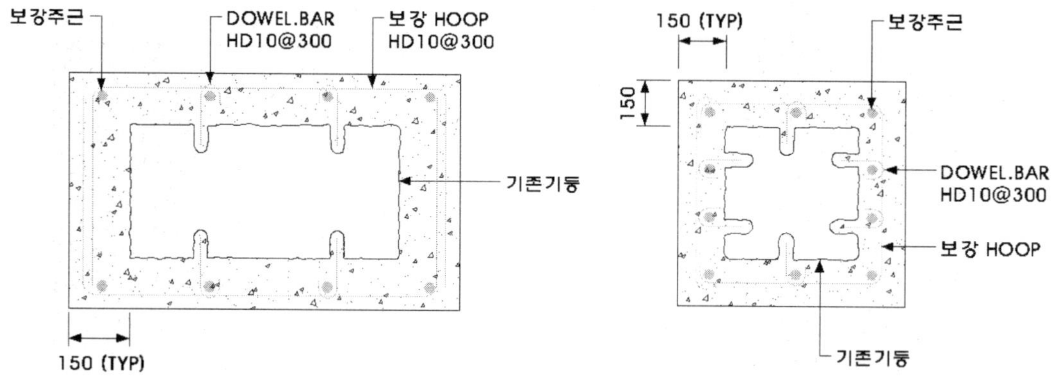

그림 40 ‖ 기둥 단면증설

(2) 강판부착 공법

강판부착 공법은 철근콘크리트 구조체의 콘크리트 표면, 특히 인장측 표면에 강판을 부착하여 기존 구조물과 일체화시킴으로써 내력을 향상시키는 공법이다. 이 공법은 기둥, 보, 바닥의 휨 혹은 전단내력을 증대할 필요가 있고 단면을 크게 하고 싶지 않거나 건축물의 총중량을 증가시키고 싶지 않은 경우에 적당한 공법이다. 기존 부재에 부착용 볼트를 설치하고 거기에 강재를 장치하여 주입구에서 그라우팅재를 콘크리트와 강재 사이에 주입하여 양자를 접착시켜 일체화 시킨다.

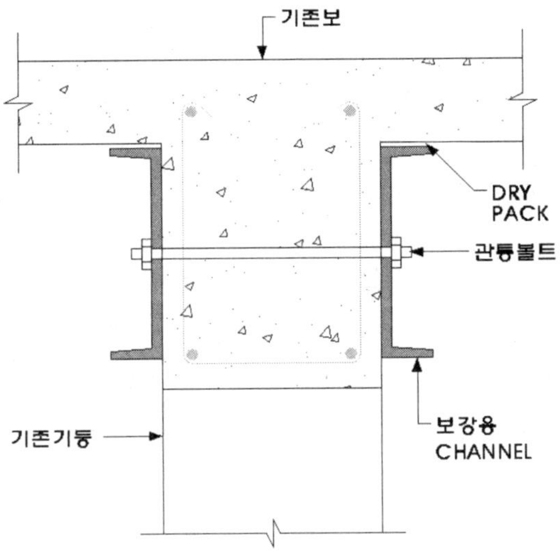

콘크리트 보의 측면에 ㄷ형강 보강

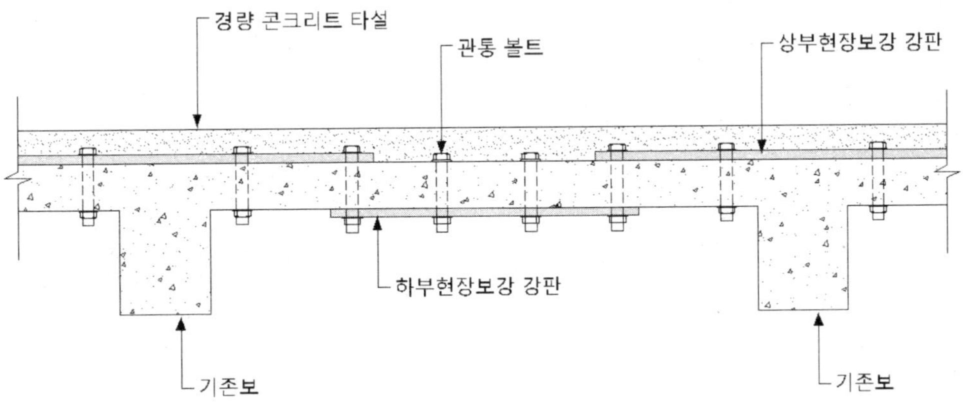

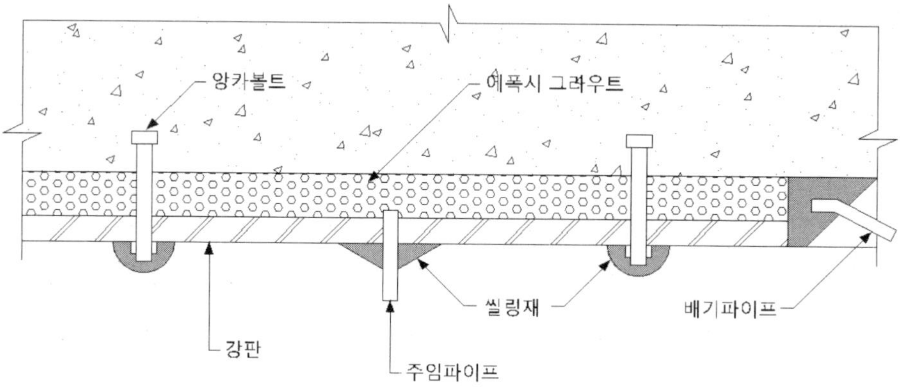

그림 41 ‖ 강판부착 공법

〈보 보강〉

〈기둥보강〉

〈보 보강〉

〈보 보강〉

그림 42 ‖ 강판부착 시공 장면

(3) 탄소섬유시트 공법

탄소섬유시트 보강공법은 강판부착공법이 자체 무게 등으로 큰 부위에 적용되는 경우 문제가 있을 수 있으므로 탄소보강섬유(CFRP)시트를 부착하여 보강하는 공법이다.

탄소섬유는 폴리아크릴로니트릴(PAN : polyacrylonitrile) 섬유를 내염화 처리(耐炎化處理)를 한 후에, 1000°~1500℃에서 탄화(炭化)하여 얻어진 섬유인데 이것을 다시 2500°~3000°C의 고온으로 열처리하면 흑연화(黑鉛化)하여 고탄성(高彈性) 섬유가 되는데, 이것이 CFRP용의 섬유이다.

시트상으로 성형한 탄소섬유시트를 구조물 표면에 에폭시수지를 사용하여 접착하여 구조물과 일체화하여 내력을 증대시킨다. 탄소섬유시트는 철근보다 약 10배의 인장강도를 발휘할 수 있다. 또한 탄소섬유의 탄성율은 철근과 거의 비슷하며 강재와 달리 항복현상이 없는 역학적 특성을 가지고 있으며 녹이 슬지 않고 내구성이 좋은 경량이다.

그림과 같이 시공되는 에폭시 적층시스템인 탄소섬유는 콘크리트 뿐만 아니라 조적구조물을 보강하는데도 효과적이다.

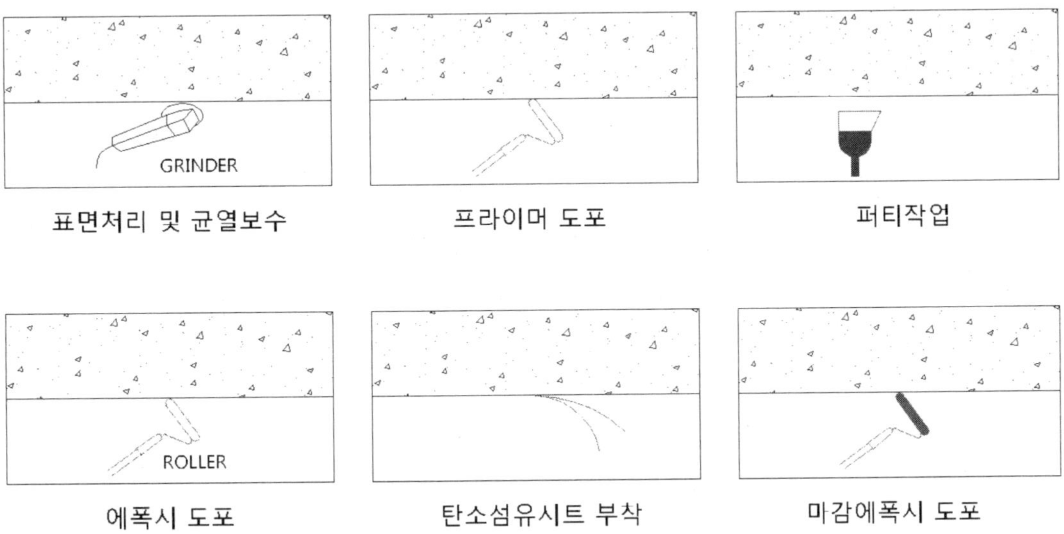

그림 43 ▌에폭시 도포 시공순서

〈에폭시 도포〉 〈탄소섬유시트 부착〉 〈마감에폭시 도포〉

그림 44 ▌기둥 탄소섬유시트 부착 장면

(4) 포스트텐션 공법

포스트텐션 공법은 교량의 PC Beam 또는 건축구조물 응력을 보강하기 위하여 고장력철근을 긴장시킨 후 고정시키는 공법이다. 콘크리트 구조물의 내구성 저하에 따라 응력을 보강하기 위하여 개발된 공법이지만 최근에는 리모델링 활성화로 내부의 주요 구조체 철거 후 보 또는 기둥에 포스트텐션 공법을 적용하여 넓은 실내공간을 확보할 수 있다.

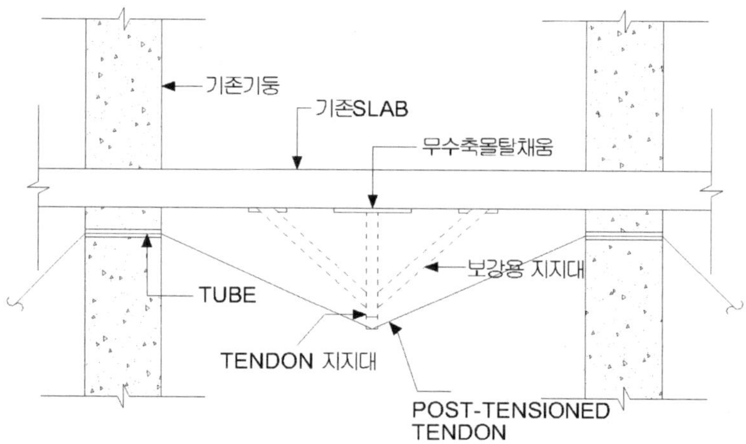

그림 45 ▌포스트 텐션 개념도

(5) 인장철근 및 탄소섬유로드 매입공법

그림과 같이 보의 하부 인장철근 매입에 의한 보강공법을 적용할 수 있다. 이 공법은 콘크리트 밑면에 길이방향으로 홈을 판 후 이형철근을 매입하거나 보 밑에 탄소섬유 로드(Rod)를 보강 한 후 에폭시 모르타르와 같은 부착강도를 발휘할 수 있는 보수재료를 덮음으로써 인장력에 저항할 수 있는 공법이다.

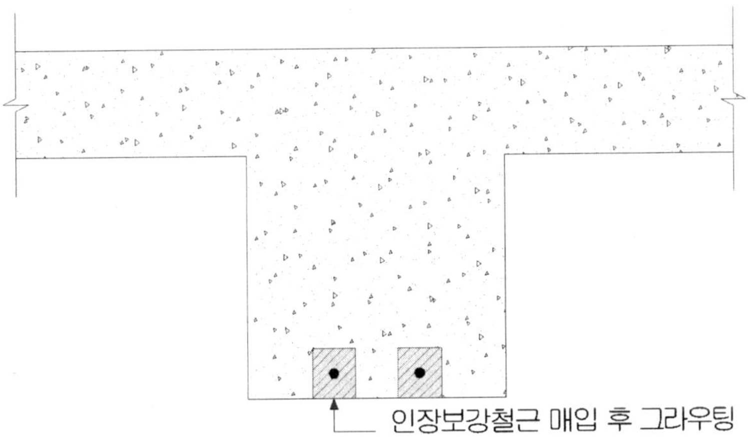

그림 46 ▌인장철근 매입 개념도

(6) 그라우팅에 의한 보강공법

그라우팅(grouting) 공법은 지반의 고결화, 지반의 지지력 증가, 투수성 감소, 지반과 구조물과의 일체화 등을 목적으로 기초지반이나 구조물 주변 및 구조물 내부로 각종 시멘트, 모르타르, 약제 등을 주입하는 공법이다.

기존 지반에 존재하는 모래, 자갈, 점토 등의 간극에 고압으로 주입된 약제에 의한 점착력이 발휘되고 간극이 줄어들어 지반의 지지력이 증대하고 투수성이 감소하여 지반이 보강되는 원리인데 구조물 내부 간극을 채움으로써 구조체 보강용으로도 사용된다.

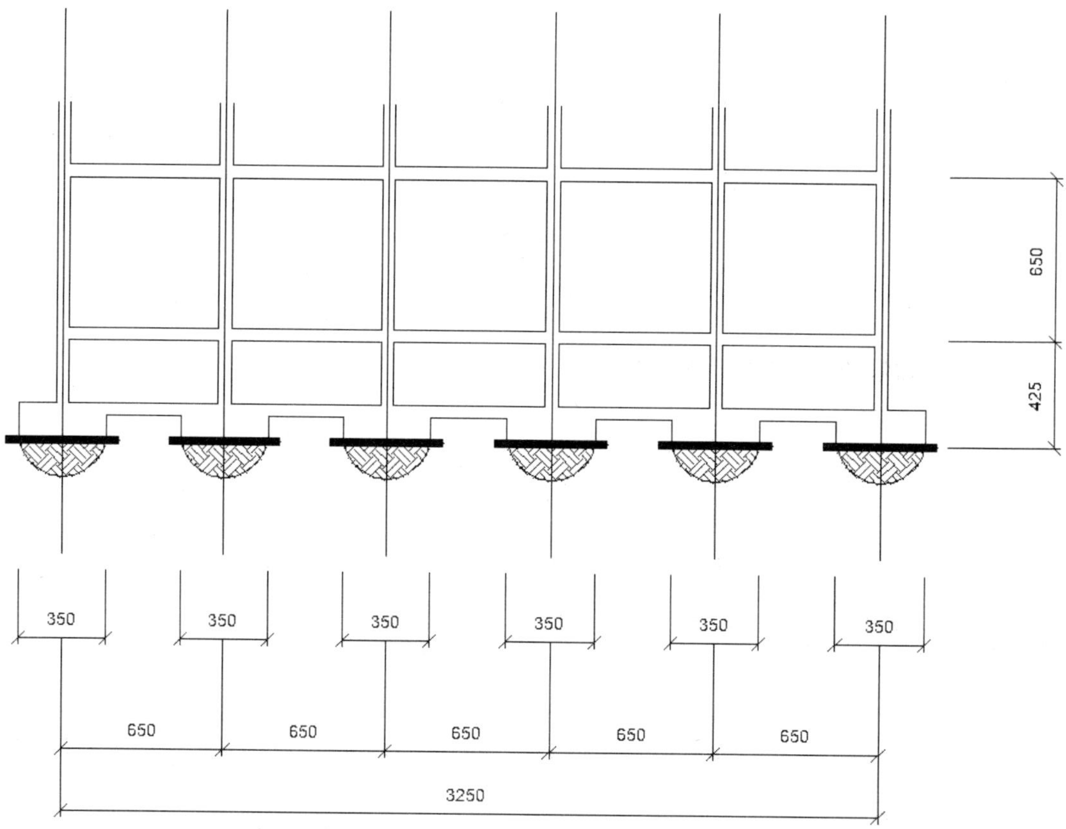

그림 47 ‖ 그라우팅에 의한 기초 보강 후 단면

(7) 기초 보강공법

1) 마이크로파일 공법

소구경파일에 의한 기초 보강공법으로 주로 증축이나 용도변경 등의 리모델링 공사에서 기초 보강용으로 많이 사용되는 공법이다. 말뚝의 선단지지력보다 주변마찰에 의하여 지지 특성이 발휘되고 지반과 일체로 거동하므로 지반개량효과도 얻을 수 있다.

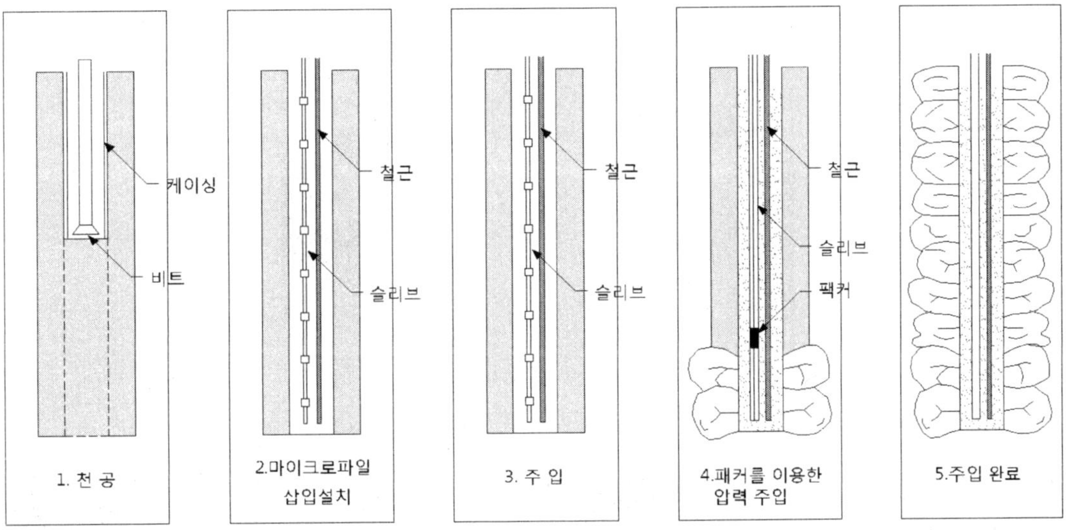

그림 48 ▌마이크로파일 시공순서

〈기초터파기〉

〈마이크로파일 두부정리〉

〈정착구 설치〉

〈기초 버림콘크리트 타설〉

〈기초 철근 배근〉

그림 49 | 마이크로파일 시공 장면

2) 언더피닝(Under Pinning) 공법

언더피닝 공법이란 기존 구조물의 가까이에 건축공사를 할 때 기존 건축물의 지반과 기초 부분을 신설하거나 개축, 혹은 증설하여 영구적이거나 일시적으로 보강하여 기존구조물을 보호하는 공법이다. 경사로 된 구조물을 바로 잡거나 인접한 터파기에서 기존 구조물의 침하를 방지할 목적으로 시공할 때도 있다.

그림 50 ▮ 기초보강을 위한 언더피닝 공사 장면

(8) 내진 보강

건물을 지진력에 저항할 수 있도록 보강하는 것을 내진 보강이라고 한다.

우리나라에서는 법규로 3층 이상, 높이 13m 이상, 연면적 1,000㎡ 이상, 기둥과 기둥 사이가 10m 이상 중 하나에 해당하면 내진설계를 의무화하고 있다.

내진 보강은 방법에 따라 내진, 면진, 제진 보강으로 나눈다.

1) **내진** ; 면진과 제진의 개념을 포함하나 지진력을 구조물 내력으로 감당하여 지진력에 저항하는 방법이다. 부재 단면 및 건축물 중량이 증가하고 비경제적인 보강방법임.

2) **면진** ; 건물을 지반에서 분리하여 구조물에 지진력의 전달을 감소하여 지진력을 피해가는 방법을 말한다. 즉, 구조물의 내부나 외부에서 구조물의 진동에 대응하는 제어력을 가하여 구조물의 진동을 저감시키거나 구조물의 강성이나 감쇠 등을 변화시켜 구조물을 제어하는 방법이다. 중규모 이상의 지진발생 시 손상레벨을 제어할 수 있으나 건축물 비구조재나 내부설치물의 안전한 보호에는 한계가 있다.

3) **제진** ; 제진장치를 이용하여 지진에너지를 소산하여 건물의 피해를 최소화하는 방법이다. 즉, 건물과 지반사이에 전단변형장치를 설치하여 지반과 건물을 분리시키는 방법이며 제진장치를 이용하여 지진 에너지를 소산시킨다. 안전성이 향상되고 설계 자유도가 증가하며 기능성을 유지할 수 있다.

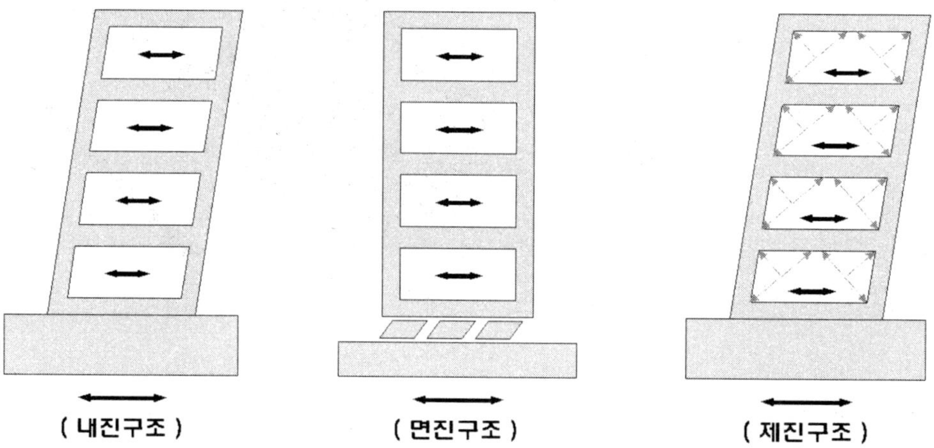

그림 51 | 내진구조 개념도

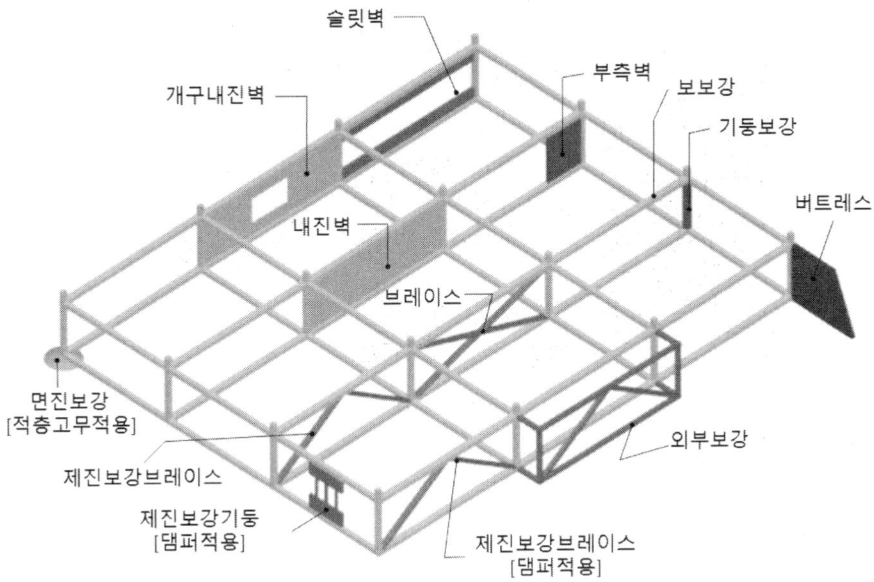

그림 52 ‖ 내진보강공법의 적용 개념도

〈제진 보강 기둥〉

〈외부 보강〉

그림 53 ▮ 내진보강 적용 사례

제8장 리모델링 시공

1. 시공계획

신축공사는 발주자의 의사결정에 의하여 사업시행여부를 결정하고 설계, 발주, 시공과정으로 전개되지만 리모델링 사업은 발주자의 의사결정이 있기까지 사전조사, 분석 및 기술적 대안설정이 우선되어야 한다. 발주자의 의사결정이 있은 후 입주자에 대한 대책이 이루어지고 철거공사부터 시행하는 것이 신축공사와의 큰 차이점이다. 이 장에서는 리모델링 시공과정에 대하여 알아보도록 한다.

(1) 사전검토 사항

리모델링 시공에 들어가기에 앞서 시공 방법과 수준 등을 정하고 실시한다.

1) 시공방법의 채택

조사와 진단 및 설계과정에서 검토한 내용을 중심으로 건물의 열화정도를 구분하고 그에 적절한 시공방법을 설정한다.

예를 들면 외벽 타일의 균열이나 탈락 정도를 보고 부분보수를 할 것인지 전체보수 할 것인지 기준을 정하고, 또한 부분별로 보수정도를 결정하고 각 각의 시공방법을 정하는 일이다.

2) 입주자에 대한 대응

시공자 입장에서는 입주자를 다른 건축물로 이동 시킨 후 자유스럽게 공사를 하고 싶지만 입주자가 건축물을 사용하고 있는 가운데 시공을 하여야 할 경우도 있다. 리모델링 공사 시 입주자에 대한 대응방법은 다음과 같은 경우로 분리할 수 있다.

- 입주자를 이동시키지 않는 경우
- 건축물 다른 층으로 입주자를 이동시키고 시공하는 경우
- 입주자를 다른 건축물에 이동시키고 시공하는 경우

어떠한 입주자 대응방법에도 입주자와 성의 있는 사전협의를 거쳐야 한다.

특히 건축물 가동 상황에서 시공을 해야 될 경우에는 입주자의 안전 확보를 최우선으로 생각한다. 그리고 소음, 진동, 먼지, 냄새 등 공해를 유발하지 않도록 사전에 철저한 준비를 실시하여야 한다.

(2) 시공계획서 작성

시공계획서는 사전조사에서 검토하고 조사한 항목을 바탕으로 작업준비에서 시공방법 완성까지 절차와 대책에 대해 보다 구체적으로 정리한 것을 말한다. 즉 공사를 원활하고 능률적으로 시행하기 위한 계획을 시공계획이라고 한다. 공사계획을 수립하려면 먼저 설계도면 등 설계 도서를 파악하여 숙지하는 등 공사내용을 정확히 파악한 후 그 공사의 실정에 맞는 계획을

세워야한다.

시공계획서 세부 기재 항목은 다음과 같다.

표 19 ‖ 시공계획서 기재 항목

항 목	내 용
일반조사	• 설계도서 준비 ; 설계도면, 계약서, 공정표, 내역서, 시방서 등 • 시공개요 ; 건축개요, 시공 범위 개요, 현장 문제 등
관리체계	• 현장원 편성 • 비상연락망
가설계획	• 가설건물 위치 ; 가설사무소, 가설창고 등 • 가설 전기, 수도, 자재 양중, 운반 등
시공계획	• 하도급자 선정 • 작업 통로 • 공사 영향 예측
환경관리	• 소음, 먼지, 진동, 교통, 폐기물 처리 대책
안전관리	• 기술적, 교육적, 관리적 대책
품질관리	• 시공관리
공정관리	• 전체 공정표 • 부분 공정표 ; 월간, 주간공정표
자재관리	• 재료의 선정 - 자재 공급업체 선정 • 자재 반출입 계획
원가관리	• 실행내역서 작성 • 공정관리와 연계 - 생산성향상 - 가치공학 적용

(3) 공정계획

1) 리모델링 공정계획의 특징

신축공사와 같이 공사범위가 전체적으로 진행되는 경우가 적고 해체 및 철거부분부터 진행되는 경우가 많으며 구체의 보강공사, 마감공사 중에서도 내장 개수, 외벽 개수와 같이 어느 특정 부위에 한정 된 것이 많다.

2) 공정계획 사례

다음은 리모델링공사를 실시하기 위하여 작성한 막대공정표 '예'이다. 리모델링 공사는 사전에 예견되는 내용과 조건을 파악한 후 실시해야하기 때문에 표준화 된 공정표를 제시하기는 어렵다. 공사의 성격과 범위에 따라 좀 더 구체적이고 조직적인 공정계획이 요구되기도 한다.

공종	금액	보할	공사기간		
			시작	종료	기간
가설공사	₩804,875	0.50%	4.01	4.29	29일
철거공사 및 폐기물 처리	₩23,019,425	14.30%	4.01	4.02	2일
조적공사	₩9,256,062	5.75%	4.10	4.21	11일
창호공사	₩15,614,575	9.70%	4.11	4.25	14일
방수공사	₩6,599,975	4.10%	4.09	4.22	13일
미장공사	₩10,141,425	6.30%	4.11	4.24	13일
타일공사	₩12,717,025	7.90%	4.13	4.24	11일
도장공사	₩17,063,350	10.60%	4.14	4.26	12일
수장공사	₩34,126,700	21.20%	4.21	4.28	7일
설비공사	₩12,717,025	7.90%	4.05	4.29	24일
전기공사	₩6,519,487	4.05%	4.04	4.29	25일
토목공사	₩9,497,525	5.90%	4.25	4.30	6일
현장 정리	₩2,897,550	1.80%	4.30	4.30	1일
누계	₩160,974,999	100%			

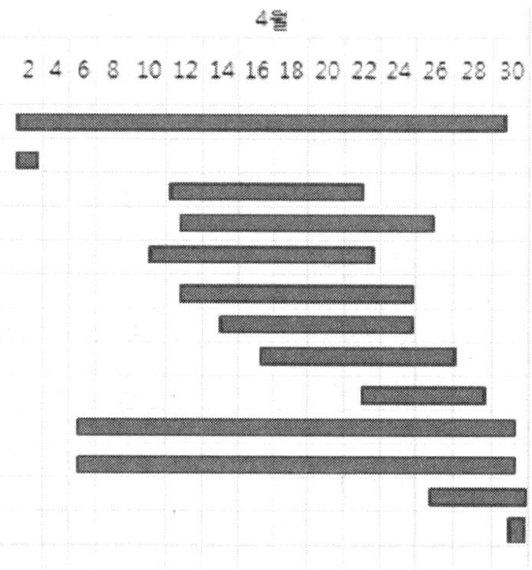

그림 55 ‖ 막대 공정표

(4) 안전관리

최근 건축물의 철거공사 과정에서 붕괴사고 등 안전사고가 빈발하고 있는 실정이다. 리모델링 과정에서 안전사고 발생원인은 무리한 철거가 주원인이다. 이는 건물의 구조에 관한 사전지식 부재에서 발생하는 경우가 많다. 따라서 건축물 리모델링을 위한 해체공사에서는 사전에 건물구조에 대한 점검과 구조체 힘의 전달흐름을 정확히 파악하고 시행하여야 한다. 이를 위하여 구조기술사나 안전진단 전문기관에 사전 확인을 받도록 하는 것이 좋다.

건설공사 안전관리에 대해서는 건설기술 진흥법에 규정하고 있는데 이 법은 건설기술의 연구·개발을 촉진하여 건설기술 수준을 향상시키고 이를 바탕으로 관련 산업을 진흥하여 건설공사가 적정하게 시행되도록 함과 아울러 건설공사의 품질을 높이고 안전을 확보함으로써 공공복리의 증진과 국민경제의 발전에 이바지함을 목적으로 한다.

이에 따르면 10층 이상 16층 미만인 건축물의 건설공사 또는 10층 이상인 건축물의 리모델링 또는 해체공사는 안전관리계획을 수립하여야 하도록 규정하고 있고 이는 앞으로 더욱 강화될 것으로 예상된다.

해제공사계획서 내용은 다음과 같다.

- 해체공사 사전조사
- 구조부재 상태조사 및 구조안전계획
- 해체공법의 선정 및 안전확보
- 해체공사의 환경보전 및 부산물 처리

그림 56 ▌철거 중 건물 붕괴 원인들

그림 57 ▮ 리모델링 공사 중 건물 붕괴사고 현장

2. 부위별 시공

리모델링과 신축공사의 큰 차이점은 일반적으로 신축공사는 토공사부터 시작하지만 리모델링공사는 해체 및 철거공사부터 시작된다는 점이다.

(1) 가설공사 및 해체철거공사

1) 주의사항

가설공사는 공사 기간 중 임시로 설치하여 공사를 수행할 목적으로 쓰이는 시설이며 공사가 완료되면 해체, 철거되는 것이다. 가설계획의 양부는 공기와 공사비에 영향을 주기 때문에 미리 가설계획을 세워 가설계획도를 작성해 두는 것이 좋다. 따라서 가설계획에서는 설치위치와 설치시기가 적당해야하고 규모가 적정해야 한다.

해체철거공사는 작업의 효율성도 중요하지만 작업 중의 진동 소음, 먼지, 냄새 등에 대한 고려 외에 해체된 건설 폐기물의 처리문제와 재활용계획까지 염두에 두고 처리하는 것이 바람직하다.

2) 석면해체·제거

석면(asbestos)은 화산활동에 의해서 발생된 화성암의 일종으로 천연의 자연계에 존재하는 사문석 및 각섬석의 광물에서 채취한 섬유모양의 규산 화합물이다.

석면은 직경이 0.02 ~ 0.03μm 정도로 유연성과 열에 대한 저항력이 매우 강하고 약산성을 띄고 있어 건설, 자동차 제조 및 가정용품 등에 이르기까지 다양한 분야에서 이용되었으며 3,000여 종류에 달하는 공업제품에 사용되었다.

산업혁명 전에는 고온에 견디는 섬유에 대한 수요가 높지 않았으나, 20세기 이후 석면은 뛰어난 단열성, 내열성, 절연성 등의 광물성과 값이 싼 경제성 때문에 분사 또는 미장 바름재, 열전달 및 결로 방지를 위해 배관, 보일러, 탱크, 천정재, 바닥재, 지붕재 등 건축 내외장재와 공업용 원료로 널리 사용되었다.

그러나 석면이 폐에 흡입되면 폐암 등의 악성 질병을 유발하게 된다는 사실이 알려지고 석면의 유해성에 대한 인식이 높아지면서 국내에서 2009년 이후 석면사용은 금지되었고, 석면 대체물질이 개발되어 사용되고 있다. 건축물이 일정규모가 넘으면 석면조사대상으로 등록되는데 석면 조사대상 건축물은 고용노동부장관이 지정한 석면조사기관에서 철거 전 사전 석면 조사를 실시하고 관할관청에 신고하여야 한다.

석면 함유물질은 석면이 중량기준 1% 초과 함유된 물질을 말하는데 석면조사결과 일정규모이상 석면이 검출되면 석면철거면허를 보유하고 있는 전문업체와 석면철거공사를 진행하여야하고 석면으로 인한 근로자의 건강재해를 예방하기 위하여 사전에 석면해체·제거작업의 절차와 방법, 석면 흩날림 장비 및 폐기방법, 근로자 보호조치의 사항이 포함된 석면해체·제거작업 계획을 수립하고, 이에 따라 작업을 수행하여야 한다.

〈출입통제〉

〈비닐보양〉

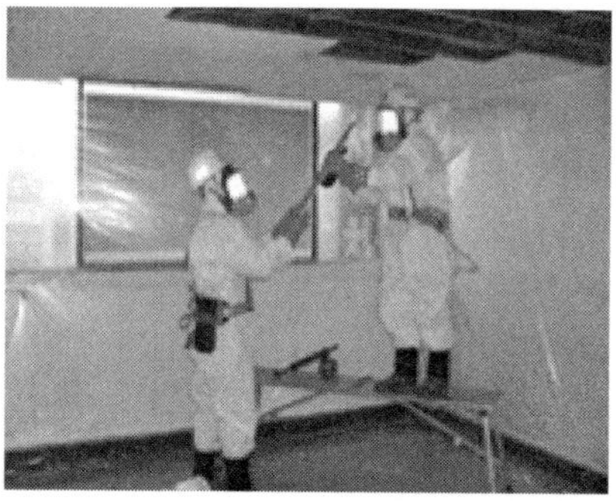

〈분리/선별〉

〈지붕 슬레이트 제거〉

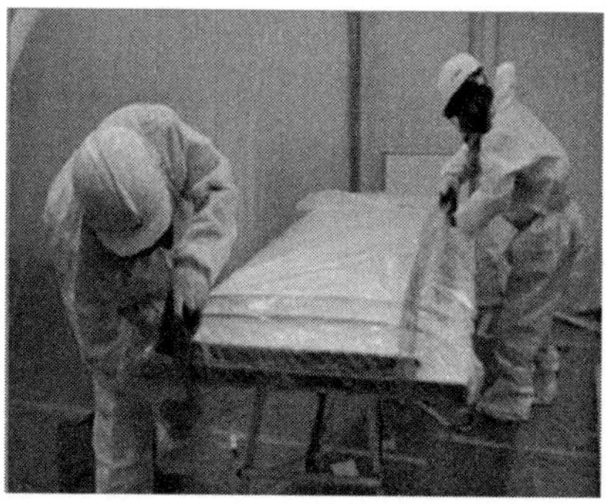

〈석면 포장〉

그림 58 ▌석면 해체 철거 과정

3) 공법

해체 및 철거공사 공법 선정은 공해가 발생하지 않으면서 능률이 좋고 경제적으로 공사를 수행할 수 있는 공법이어야 한다. 그리고 구조물을 구성하고 있는 재료의 파괴 특성을 잘 알

솔린 엔진 혹은 포크레인에 탑재하여 고속회전 시켜 철근 콘크리트나 석재 등을 절단한다.

그림 61 ‖ 절단기 철거

〈장점〉
- 작업성이 좋고 해체부재의 운반이 용이하다.
- 진동이나 분진이 거의 없다.
- 작업은 정해진 순서에 의해 체계적으로 수행되어 부재 해체가 용이하다.
- 건축물 내부에서 부재가 절단되므로 가설시설이 적다.
- 정확한 절단을 할 수 있다.
- 기계대수에 따라 작업일정을 자유로이 조절할 수 있다.

〈단점〉
- 해체한 모습 그대로 처분 할 수 없을 경우 2차 파쇄가 필요하다.
- 기둥, 보와 각 부위 접합부는 절단하기 어렵다.
- 블레이드 가격이 고가이므로 가열, 파손에 주의한다.
- 가열을 방지하기 위하여 물이 필요한 장비가 많다.

④ **강구**(steel ball)

이는 1~3ton 정도의 강으로 된 공을 크레인 선단에 매달아 수직이나 수평으로 구조물에 부딪히게 함으로써 그 충격력으로 구조물을 파괴하고 노출된 철근 등은 가스 절단하면서 해체하는 공법이다.

〈장점〉
- 작업능률이 좋다.
- 해체비용이 비교적 적게 든다.
- 부재를 잘게 해체할 수 있다.

〈단점〉
- 소음, 진동이 크다.
- 인접건물이 있는 경우 외벽부분 해체에는 사용할 수 없다.
- 가스, 수도, 하수구 등 지하매설물을 파손시킬 우려가 있다.
- 파편의 비산이 많으며 구조물의 붕괴를 예측하지 못 할 위험이 있다.
- 철근은 별도 절단이 필요하다.

⑤ **다이아몬드 와이어 소**(diamond wire saw)

인조 다이어몬드로 만들어진 비드가 소결된 자전거 체인과 같은 와이어를 회전시킴으로써 요구하는 구조물을 절단하는 방식이다.

비드의 직경은 보통 10~12mm로 케이블 1m 당 40~50개의 비드가 장착되어 있다.

〈장점〉
- 공해가 거의 없다.
- 절단 깊이나 대상물에 제약이 없다.
- 절단 속도가 빠르다.
- 좁은 장소나 수중에서도 작업이 가능하다.
- 절단충격에 의한 구조물 손상이 거의 없다.

〈단점〉
- 가격이 비교적 고가이다.
- 절단면에 고온이 발생하므로 냉각수를 공급해야 한다.

그림 62 ‖ 다이어몬드 와이어 소

⑥ 전도

해체하고자하는 부재의 특정 부위를 파쇄 또는 절단하여 넘어뜨려 해체하는 공법으로 주위에 공지가 있는 경우에 주로 사용한다.

〈장점〉
계획을 세워 체계적으로 수립하여 실시하면 능률이 매우 높다.

〈단점〉
- 순간적인 소음, 진동이 있다.
- 분진이 많이 비산한다.
- 전도 시 풍압이 발생한다.
- 위험한 작업이므로 숙련된 작업인력을 필요로 한다.

⑦ **유압식 확대기**

콘크리트부재의 정해진 위치에 지름 30~40mm 정도의 구멍을 뚫어 이 구멍에 가력봉을 집어넣고 유압력을 가하여 확대함으로써 구조물을 파괴하는 방법이다. 구멍을 확대시키는 기기로는 락 잭(Rock Jack)을 사용한다.

〈장점〉
- 무진동이며 안전하게 파쇄할 수 있다.
- 천공간격, 천공방향에 의해 파괴를 어느 정도 예측할 수 있다.

〈단점〉
- 한 번에 해체가 어렵고 통상 2~3개의 구멍을 천공하여 파쇄를 진행한다.
- 기둥, 보에는 적용이 어려운 점이 있다.
- 철근콘크리트 구조에서는 콘크리트를 파쇄 후 철근을 절단해야 한다.

⑧ **유압 잭**(jack)

대형 유압 잭을 슬래브와 슬래브 사이, 보와 보 사이에 설치하고 잭의 스트로크(Stroke)를 유압에 의해 늘려서 상층의 보, 슬래브를 밀어 올려 해체하는 방법이다.

〈장점〉
- 소음, 진동이 적다.
- 기동성이 좋으며 시공능률이 좋다.

〈단점〉
- 외벽, 외부 기둥의 해체가 어렵다.
- 콘크리트 파편 등의 낙하로 위험성이 있다.
- 분진이 발생한다.

⑨ **압쇄기**

이 공법은 압쇄기 안에 콘크리트를 넣고 유압력에 의해 눌러서 깨거나 부수어서 압쇄하는 방법으로 압쇄프레임을 크레인에 매달아 사용하는 현수식과 캐터필러(Caterpillar)가 붙은 주행기에 부착한 탑재식이 있다. 안전성이 좋고 소음, 진동이 적어 최근에 가장 많이 사용하고 있는 공법이다.

〈장점〉

- 소음, 진동이 적다.
- 해체물의 처리에 관계없이 계속작업이 가능하다.
- 기동성과 파쇄능률이 좋다.

〈단점〉

- 대상물의 단면치수가 크면 사용할 수 없다.
- 대상물 높이에 따라 사용에 제약을 받을 수 있다.
- 철근절단을 위한 대비가 필요하다.

그림 63 ‖ 압쇄기를 이용한 작업 장면

⑩ **워터 제트**(water-jet)

초고압, 초고속 물의 분사에 의한 파쇄공법이다.

〈장점〉

- 절단기를 대상물에 접촉시키지 않고 임의의 방향으로 절단이 가능하며 수중에서도 절단 할 수 있다.
- 분진과 진동이 없다.
- 높은 곳과 비교적 협소한 장소에서도 시공이 가능하다.

〈단점〉

- 물의 배수처리가 필요하다.
- 제트음은 비교적 작지만 고압수 발생장치에서 소음이 크다.

그림 64 ▌워터제트 절단기

⑪ 금속봉 테르밋공법

철 합금선 또는 알루미늄 합금선 속으로 압력 7~8kg/㎠의 산소를 주입하여 연소시켜 철과 알루미늄의 테르밋반응에 의한 고열(3,000~3,500℃)의 제트력을 이용하여 철근콘크리트를 용융하는 방법이다.

〈장점〉
- 취급이 간편하다.
- 무소음, 무진동이다.
- 철골, 철근 유무에 관계없이 천공할 수 있다.
- 수중작업도 가능하다.

〈단점〉
- 금속봉은 가격이 비싸다.
- 고온의 용해물이 비산하므로 화재 위험성이 있다.
- 연기의 발생이 많아 지하실 등에서는 배연설비를 필요로 한다.

⑫ 플라스마 제트(plasma jet)공법

기체가 고온의 열을 받아 전자이온으로 분해된 상태를 플라스마라 하며 고체, 액체, 기체에 이어 물질의 제4형태라 칭하고 있다. 아르곤(85%)과 수소(15%)의 혼합가스에 아크전압을 가해서 얻은 플라스마 제트(약 8,000~11,000℃)를 사용하여 철근콘크리트를 용융하는 방법이다.

〈장점〉
- 일반적인 가스용접, 절단과 같이 소음이 작다.
- 철근콘크리트를 녹이고 자르는데 유리하다.

〈단점〉
- 매우 큰 전력이 필요하기 때문에 경제적이지 못하다.
- 노즐의 냉각과 내열성에 대한 연구가 더 필요하다.

⑬ 폭파

폭약이나 가스 등을 이용하여 대상물을 완전히 제거하는 공법이다. 주로 건축물이나 구조물 해체에 많이 사용하며 리모델링 공사에서는 잘 사용하지 않는다.

〈장점〉
- 해체속도가 빠르다.
- 사전 충분한 검토를 거치면 경제적일 수 있다.

〈단점〉
- 사전작업이 많다.
- 소음과 먼지발생을 제어하기 어렵다.
- 폭파속도 조절을 위한 사전 충분한 연구가 필요하다.
- 전문적인 영역이기 때문에 대중적이지 못하다.
- 예상된 폭파가 발생하지 않을 경우 안전문제와 후속작업이 오히려 커질 수 있다.

그림 65 ▌폭파해체 장면

4) 공해대책

- 소음공해 : 소음원 대책, 소음경로 대책, 수음원 대책
- 진동공해 : 진동원 대책, 전파방지 대책, 수진측 대책
- 분진(먼지)공해 : 발생원의 밀폐화, 산수, 분무, 집진기 사용

(2) 기초 및 주차장공사

1) 흙막이공사

기초나 지하주차장을 시공하기 위해서 반드시 따르는 공사가 흙막이공사이다.

흙막이공사는 크게 4가지 단계로 분류할 수 있다.

첫째, 터파기공사, 둘째, 흙막이공사, 셋째, 흙막이 지지공사, 넷째, 차수공사이다.

흙막이공사를 시행하면서 흙을 파면 흙막이가 전도에 의하여 붕괴하기 때문에 반드시 흙막이를 지지하는 공사를 시행하여야 하며 흙을 파는 중이나 파고 난 후 흙막이 틈새나 흙막이 선단 하부를 통하여 지하수가 유입되어 흙막이 뒷부분 토사유출로 압밀침하에 의한 지반붕괴 우려 때문에 흙막이 뒷부분에 차수공사를 시행하여 지하수가 흙막이 내부로 유입되는 것을 방지하여야 한다. 각 각의 공사에는 공법이 다양하기 때문에 현장 여건에 따라서 알맞은 공법을 선택해야 한다.

일반적인 흙막이공법의 종류와 특징은 다음 표와 같다.

표 20 | 흙막이공법 특징

공법	H-pile + 토류판	C.I.P + 엄지말뚝	S.C.W + 엄지말뚝	지하연속벽
시공방법	천공 후 H-pile 삽입하고 소정 깊이 굴착후 토류판을 설치	Auger Rotary 보링기 또는 T-4 천공기로 천공한 후 철근과 H-pile 삽입 후 콘크리트를 투입하여 연속적인 벽체 형성	삼축 Auger에 의한 S.C.W를 선 시공하고 이때 삽입된 casing을 통해 T-4 장비로 엄지 말뚝을 소요심도까지 삽입함	연속벽에 굴착기로 Trench 굴착과 동시에 안정액을 투입, 굴착완료 후 철근망, 콘크리트를 투입하여 판넬 형성
적용지반	모든 지층	조밀한 자갈층, 전석 및 암반을 제외한 모든 지층	조밀한 자갈, 전석 및 풍화암층 이상의 암반을 제외한 전 지층	경암층을 제외한 모든 지층
차수효과	불량 (배면지반 차수벽 필요)	보통 (연결부 보조공법보완)	양호	매우 양호

장점	① 공사속도 신속 ② 공사비 저렴 ③ 시공관리 용이	① 협소한 장소에서 시공 가능 ② 강성이 크므로 자립	① 공사속도가 빠름 ② 공사비 다소 저렴 ③ 시공성 좋음	① 토류벽 및 건물 본벽으로 사용가능 ② 벽체의 강성이 크므로 주변지반 침하를 최소화함
단점	① 차수성이 불량 ② 진동 및 소음 크다 ③ Flexible Wall로 배면 변위가 발생할 수 있다	① 지하수가 많은 지반에 치수공법 병행 ② 조밀한 자갈층, 전석층 곤란 ③ 보조 치수 공법 필요	① 대형장비로 이동 및 거치에 넓은 공간 필요 ② 조밀한 자갈층, 전석층 및 암반층에서의 시공 불가	① 암반층에서 벽체 시공시 공기지연 및 공사비 고가 ② 안정적 관리 등 고도의 기술 요구

2) 기초공사

수평증축이나 수직증축을 위해서 기초 보강공사는 필수적으로 발생한다. 하지만 기존 건축물 하부 좁은 공간에서 보강공사를 시행하는 일은 쉬운 것이 아니다. 특히 기초 하중을 지반에 전달하기 위해 시행하는 PILE공사는 신중을 기하여 시공하여야 한다. 이를 위해 일반적으로 사용하는 공법이 마이크로파일 공법과 언더피닝 공법이다(제7장 참조).

기존 건축물에 피해를 주지 않고 기초를 보강하기 위해서는 기존 건축물 지반 상태, 지정상태, 기초상태, 구조체 상태 등을 정확히 검토하고 시방서를 철저히 준수하여 시공하여야 한다.

3) 주차장공사

리모델링을 통한 주차장 증설은 일반적으로 주동사이의 부지 지상에 설치하는 경우도 있으나 지하에 설치하는 경우가 대부분이다. 이는 전장에서도 언급하였듯이 지상주차장은 조망권과 소음피해를 유발할 수 있고 조경면적과 공동시설 면적감소를 야기할 수 있기 때문에 선호도가 떨어진다. 따라서 지하주차장을 설치하기 위해서는 기존 구조물과 인접하여 굴착하게 되는데 이때 굴착시 기존구조물의 기초 침하가 발생할 우려가 크다. 지반 침하 요인은 일반적으로 다음과 같다.

- 흙막이 변위에 의한 배면 이동 지반침하
- 흙막이 뒷채움 부족에 의한 침하
- 주위 매설물의 뒷채움 불량에 의한 침하
- 해빙에 의한 침하
- 배수시 토사유출에 의한 침하
- 배수시 점성토 압밀 침하
- 천공시 진동에 의한 침하
- 파이핑에 의한 침하
- Pile 인발 후 Pile 공극 압밀에 의한 침하
- 기타

(3) 앵커공법

기존 철근콘크리트 구조체에 연결하여 콘크리트를 타설하려면 전단력에 대응할 수 있는 연결철물을 설치하여야 한다.

일반적으로 기존 콘크리트에 드릴로 구멍을 뚫은 후 철근을 삽입하고 에폭시를 주입하는 방법과 앵커를 심는 방법이 있다.

시공순서에 의한 앵커공법은 선부(先付)앵커공법과 후부(後付)앵커공법이 있다. 즉 콘크리트 타설 전에 설치하는 경우와 콘크리트 타설 후에 설치하는 공법으로 나눌 수 있다.

철골공사와 같은 경우에는 먼저 기초판에 앵커를 설치한 후 콘크리트를 타설하는 선부앵커공법을 사용한다. 그러나 리모델링 공사에서는 일반적으로 기존 콘크리트에 구멍을 뚫어 앵커를 설치하는 후부앵커공법을 채택할 수밖에 없다. 후시공앵커공법은 주로 금속확장앵커를 사용하거나 접착제를 이용한 앵커설치방법을 사용한다.

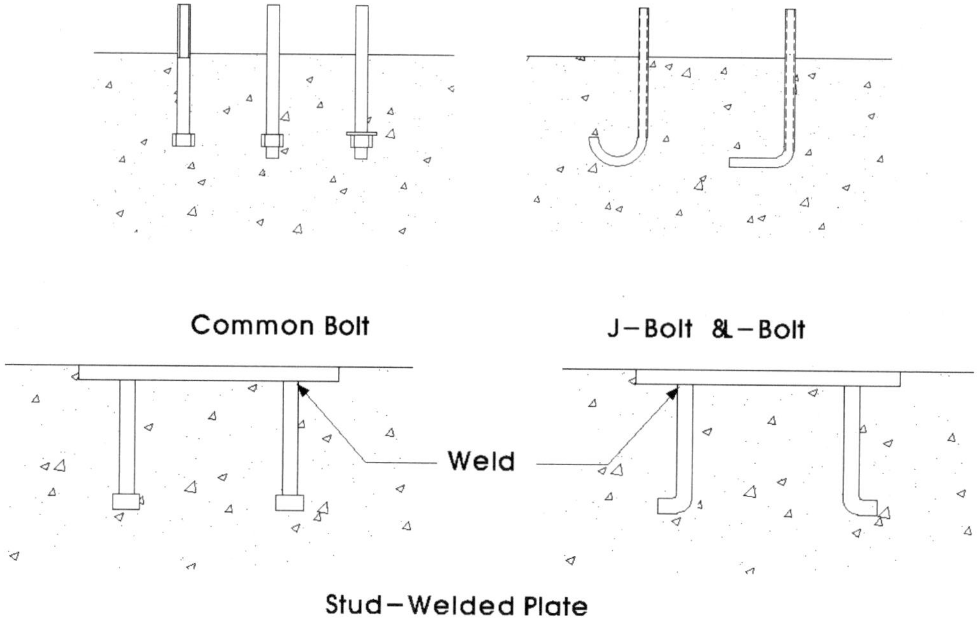

그림 66 ▮ 선시공 앵커공법

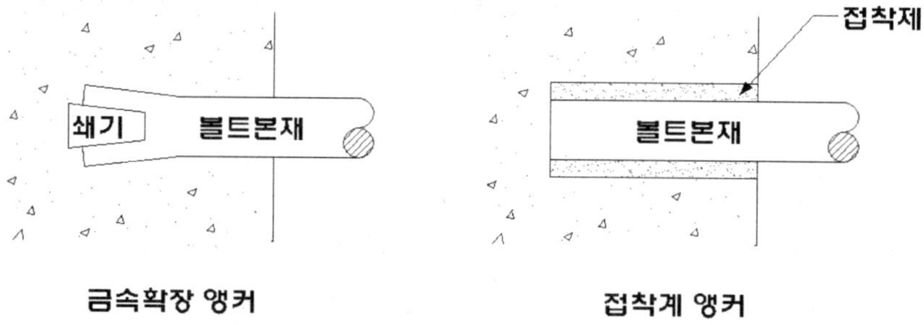

그림 67 ▮ 후시공 앵커공법

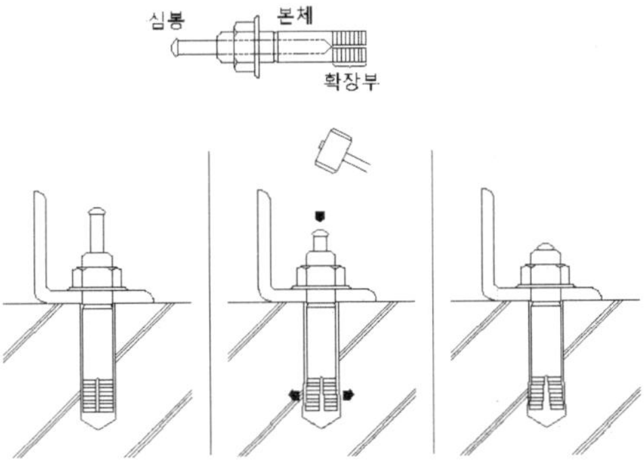

심봉(心棒) 박아넣기식의 작동개요도

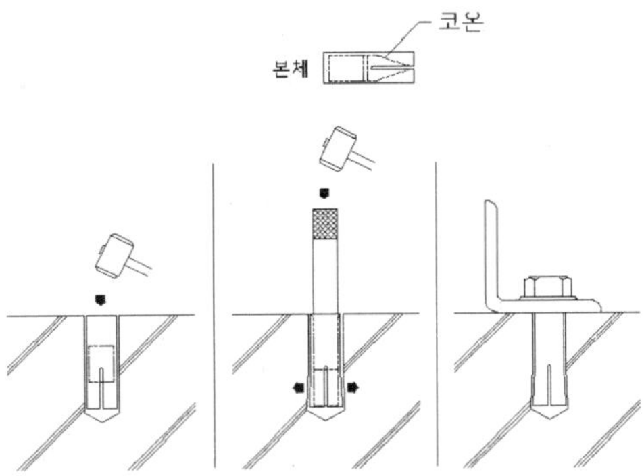

내부 코온 박아넣기식의 작동 개요도

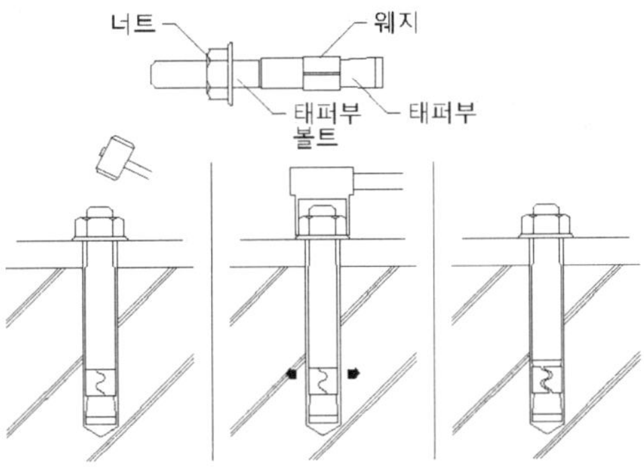

웨지식의 작동 개요도

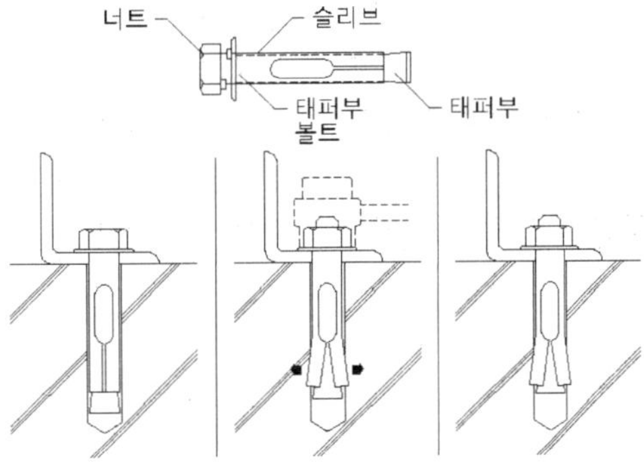

태퍼볼트식의 작동 개요도

그림 68 ‖ 금속확장 앵커공법

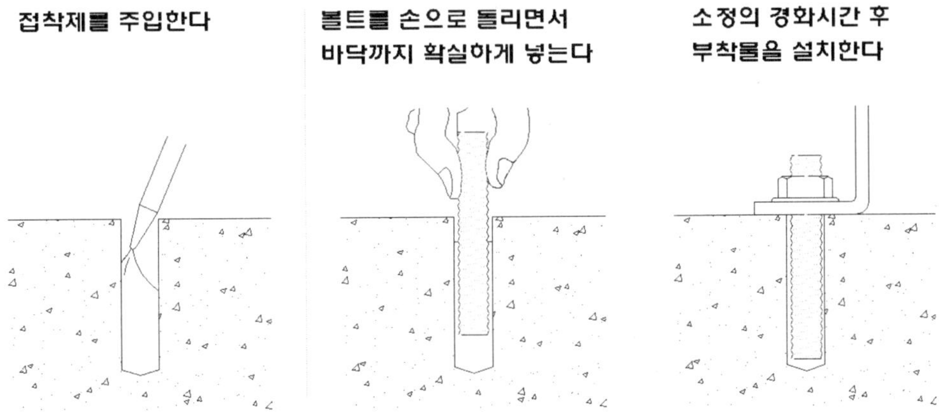

그림 69 ‖ 주입형 앵커 고착순서

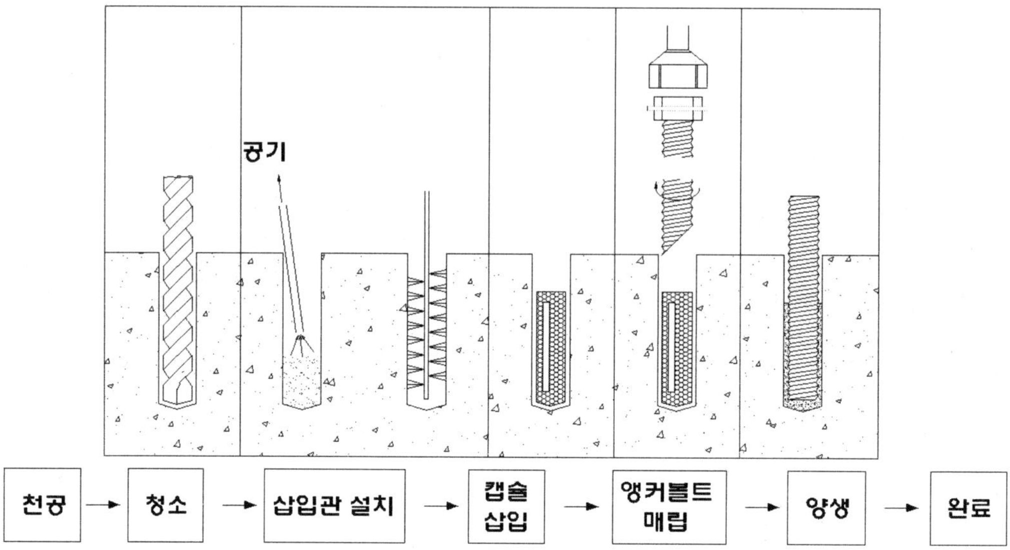

그림 70 ▌캡슐형 접착계 앵커 시공순서

제9장 사업성 검토

1. 개요

건축에 있어서 사업성 검토의 근본적인 목적은 사업을 통하여 경제성이 있는가를 판단하는 것이다. 사업성에 영향을 미치는 요인들은 다양하다. 사업성을 결정하는 수치화 되는 주요 요인들은 토지 대금, 공사비, 분양(임대)가, 주변 환경, 교통여건, 향후 발전 가능성에서부터 외부 차입금, 각종 부담금, 각종 세금 등 많은 요인들이 있다. 따라서 사업성검토는 처음부터 세밀한 부분까지 소요되는 비용과 사업예정지의 환경, 향후 발전가능성 등을 꼼꼼하게 검토하고 계산에 반영 하지 않으면 사업성검토 당시에는 예상하지 못한 비용발생으로 인하여 이익을 볼 것이라고 생각했는데 손해를 보는 경우가 많다.

사업성검토는 자체사업에 대한 사업성검토와 외부에서 의뢰하여 검토하는 경우로 크게 나눌 수 있는데 어떤 경우이든 부지조사 내용(지역, 지구, 용도, 용적률, 건폐율 등)과 고객의 요구사항이 있을 경우에는 이를 기초로 하여 개발내용(주요개발 용도, 사업추진방식 등)을 구상하는 것으로부터 시작한다.

따라서 사업성 검토를 위해서는 대지에 대한 기본적인 정보를 파악하고 관련서류를 검토하여 법적인 제약부터 확인해야 한다. 이를 위해서는 부지 개요, 도시계획 사항(용도지역, 지구), 토지관련 서류(토지대장, 토지이용계획서, 지적(임야)도 등)를 발급받아 도시계획사항 및 소유권현황, 공시지가 등을 확인하며 도시계획 또는 조례에 의한 규제 등 추가 확인 하여야 할 사항이 있으면 관할관청을 방문하여 조사를 진행한다.

2. 사업성 검토 세부 절차

특정 부지에 건물을 건립코자 할 때 시행할 수 있는 사업성 검토절차를 소개하고자 한다. 여기서는 비전문가들이 쉽게 사업성을 검토할 수 있는 절차에 대하여 개략적으로 서술한다. 만약 기존 건물을 리모델링하여 용도를 변경코자 한다든지 할 때는 여기서 소개하는 절차에서 필요한 부분을 선택하여 준용하면 될 것이다.

(1) 투자환경 분석

부동산 투자환경에는 투자에 영향을 주는 부동산 시장 상황 및 법적, 금융적, 세제적, 정책적 환경이 있으며 효율적인 부동산 투자를 위해서는 이러한 투자환경의 현황과 앞으로의 변화를 예측하여 분석해야 한다. 예를 들어 최근에 정부에서는 부동산 활성화를 위하여 각종 정책들을 쏟아내고 있다. 대표적인 것이 양도세와 취득세 감면 등인데 이러한 요인들이 부동산 투자에 영향을 미칠 수 있다. 부동산 정책은 부동산시장이 활성화되면 규제를 묶고 침체되면 완화시키는 정책을 쓰기 때문이다. 따라서 부동산 규제가 완화된다는 것은 부동산 시장이 침체되고 있다는 것을 의미한다.

(2) 사업검토 대상 부동산 현황파악

1) 부동산 현황 자료 수집

먼저 사업대상 부동산에 대한 현황을 파악하여 정보를 취득해야 한다. 사업검토 대상 부동산 현황을 파악하기 위해서는 토지·건물 가격, 용도지역, 용도지구, 위치도, 토지이용계획서, 토지대장, 건축물관리대장, 토지·건물 등기부등본, 지적도, 입지여건, 위성사진 등의 자료들을 먼저 수집하고 준비하여야 한다.

a) 토지이용계획 확인원

토지의 사용목적 및 향후개발계획 등을 표시한 문서이다. 지적도와 용도지역, 면적 등이 함께 표시된다.

b) 지적도, 임야도

땅의 지번, 지목, 형태 및 경계, 도로, 구거 등을 표시한 문서이다.

지적도(임야도)를 통하여 인접한 땅과의 경계나 도로, 하천 등과의 관계를 확인할 수 있다.

c) 토지(건축물)대장

주민등록증에 해당하는 것으로 면적, 지목, 소유자 등의 사실 관계에 관한 사항을 기재한 문서이다.

d) 토지(건물)등기부등본

소유권 등의 권리관계를 밝히는 문서이며 표제부, 갑구, 을구로 구성되어 있다.

- 표제부 : 토지(건물)의 주소, 건물내역, 지목이 기재됨
- 갑구 : 토지(건물)의 소유권에 관한 사항이 기재됨
- 을구 : 토지(건물)에 대한 채무 관련사항이 기재됨

시청확인용 진본 2012/10/05 20:49:48 KST 정부시청확인센터

발급번호 : G20121005896959920001　　발행매수 : 1/2　　발급일 : 2012/ 10/ 05

토지이용계획확인서

처리기간
1 일

신청인	성명		주소	경상남도 진주시 01
			전화번호	010-7542-9592

	소재지	지 번	지 목	면적(㎡)
신청토지	경상남도 진주시	125	대	176.2

지역 · 지구등 지정여부	「국토의 계획 및 이용에 관한 법률」에 따른 지역 · 지구등	일반상업지역, 중심지미관지구, 소로1류(폭 10M~12M)(접함), 소로3류(폭 8M 미만)(접함) [이하공란]
	다른 법령 등에 따른 지역 · 지구등	가축사육제한구역(가축사육전부제한지역)<가축분뇨의 관리 및 이용에 관한 법률>, 상대정화구역<학교보건법> [이하공란]
「토지이용규제 기본법 시행령」 제9조제4항 각 호에 해당되는 사항		[해당없음]

확인도면

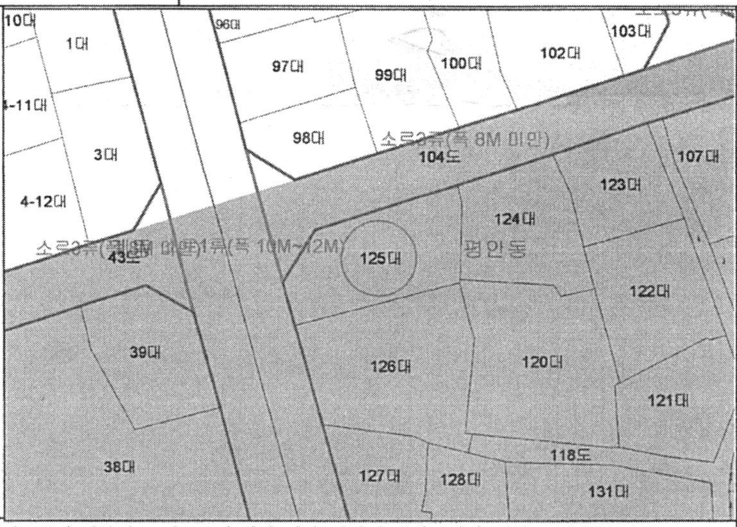

범례
- 제2종일반주거지역
- 일반상업지역
- 중심지미관지구
- 소로3류(폭 8M 미만)
- 소로1류(폭 10M~12M)
- 법정동

축척 1/600

「토지이용규제 기본법」 제10조제1항에 따라 귀하의 신청토지에 대한 현재의 토지이용계획을 위와 같이 확인합니다.

2012/ 10/ 05

진 주 시 장

수입증지붙이는곳

수 수 료 전자결제 민 원

그림 71 ‖ 토지이용계획서

지적도 등본

발급번호	G2012100589695941001	처리시각	20시 46분 38초	작 성 자	민원24
토지소재	경상남도 진주시	지 번	125	축 척	등록:1/600 출력:1/600

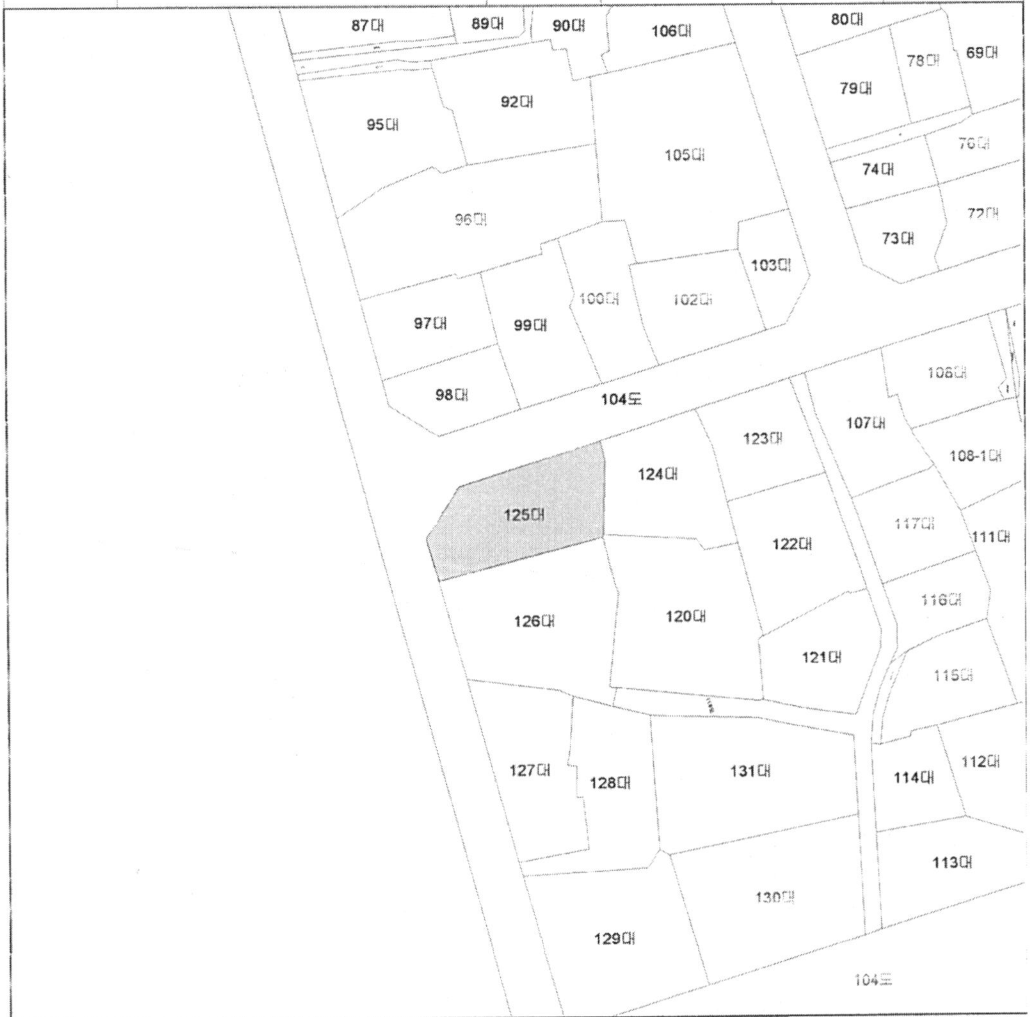

지적도등본에 의하여 작성한 등본입니다.
이 도면등본으로는 지적측량에 사용할 수 없습니다.

2012년 10월 05일

진 주 시 장

그림 72 ▌지적도

문서확인번호 1349-4354-7811-2576 1/2

토지 대장

고유번호	4817011000 - 10125 - 0000			도면번호	4	발급번호	20121005-0605-0001
토지소재	경상남도 진주시			장 번 호	2-1	처리시각	20시 05분 48초
지 번		축 척	1:600	비 고		작 성 자	인터넷민원

토지표시			소유자		
지 목	면 적(㎡)	사 유	변 동 일 자 / 변 동 원 인	주 소 / 성명 또는 명칭	등 록 번
(08) 대	*176.2*	(62)1972년03월16일 구획정리 완료	1972년 05월 15일	275	
			(09)촉탁등기	김종열	230330-1***
		--- 이하 여백 ---	2010년 04월 16일	경상남도 함양군	
			(04)주소변경	김[illegible]	230330-1***
			2010년 04월 16일	경상남도 진주시	
			(03)소유권이전	박[illegible]	621008-2***
				--- 이하 여백 ---	

등급수정 년월일	1984. 07. 01. 수정	1985. 07. 01. 수정	1987. 04. 25. 수정	1989. 01. 01. 수정	1990. 01. 01. 수정	1991. 01. 01. 수정	1992. 01. 01. 수정	1993. 01 수정
토지등급 (기준수확량등급)	200	201	203	206	210	216	220	223
개별공시지가기준일	2008년 01월 01일	2009년 01월 01일	2010년 01월 01일	2011년 01월 01일	2012년 01월 01일			용도지역
개별공시지가(원/㎡)	696000	677000	677000	677000	707000			

수 수 료
전자결제
민 원

토지대장에 의하여 작성한 등본입니다.

2012년 10월 05일

경상남도 진주시장

◆본 증명서는 인터넷으로 발급되었으며, 민원24(minwon.go.kr)의 인터넷발급문서진위확인 메뉴를 통해 위·변조 여부를 확인할 수 있습니다.(발급일 90일까지) 또한 문서하단의 바코드로도 진위확인(스캐너용 문서확인프로그램 설치)을 하실 수 있습니다.

그림 73 ‖ 토지대장

집합건축물대장(표제부,갑)

장번호 : 1 - 1

고유번호	4817010900-3-00130013	민원24접수번호	20120316 - 69700736	명칭	롤에이지1030	호수	0세대/459호/0가구

대지위치	경상남도 진주시 대안동	지번	13-13 외 3필지	도로명주소	경상남도 진주시 진주대로 1057

※대지면적	연면적	※지역	※지구	※구역
1,595.8 ㎡	10,360.09 ㎡	일반상업지역		
건축면적	용적률산정용연면적	주구조	주용도	층수
1,252.87 ㎡	7,032.44 ㎡	철골철근콘크리트구조	판매및영업시설	지하 4층/지상 10층
※건폐율	※용적률	높이	지붕	부속건축물
78.51 %	440.68 %	41.4 m	평스라브	1동 398.5㎡

건축물현황					건축물현황				
구분	층별	구조	용도	면적(㎡)	구분	층별	구조	용도	면적(㎡)
주1	지4	철골철근콘크리트구조	기계실,관리실	737.72	주1	3층	철골철근콘크리트구조	판매및영업시설(상점)	828.97
주1	지3	철골철근콘크리트구조	창고,전기실,방재실	857.71	주1	4층	철골철근콘크리트구조	판매및영업시설(상점)	808.66
주1	지2	철골철근콘크리트구조	판매및영업시설(상점)	862.41	주1	5층	철골철근콘크리트구조	제2종근린생활시설(일반음식점)	808.66
주1	지1	철골철근콘크리트구조	판매및영업시설(상점)	869.81	주1	6층	철골철근콘크리트구조	문화및집회시설(영화관)	472.454
주1	1층	철골철근콘크리트구조	판매및영업시설(상점)	643.9	주1	6층	철골철근콘크리트구조	제2종근린생활시설(일반음식점)	336.206
주1	2층	철골철근콘크리트구조	판매및영업시설(상점)	828.97	주1	7층	철골철근콘크리트구조	문화및집회시설(영화관)	808.66

이 등(초)본은 건축물대장의 원본 내용과 틀림없음을 증명합니다.

발급일자 : 2012년 04월 19일

담당자 : 민원봉사과
전 화 : 055 - 749 - 5152

경상남도 진주시장

그림 74 ‖ 건축물대장

등기사항전부증명서(말소사항 포함) - 토지

[토지] 경상남도 진주시 고유번호 1911-1996-732639

【 표 제 부 】 (토지의 표시)

표시번호	접 수	소 재 지 번	지 목	면 적	등기원인 및 기타사항
1 (전 2)	1999년8월25일	경상남도 진주시	유지	9352㎡	
					부동산등기법 제177조의 6 제1항의 규정에 의하여 2001년 01월 04일 전산이기

【 갑 구 】 (소유권에 관한 사항)

순위번호	등 기 목 적	접 수	등 기 원 인	권 리 자 및 기 타 사 항
1 (전 1)	소유권보존	1969년4월23일 제4914호		소유자 ~~사천토지개량조합~~ ~~사천군 사천읍 수석리 195-1~~
				부동산등기법 제177조의 6 제1항의 규정에 의하여 2001년 01월 04일 전산이기
1-1	1번등기명의인표시변경	2010년5월26일 제26194호	2008년12월29일 법률 제9276호에 의함	사천토지개량조합의 성명(명칭) 한국농어촌공사 한국농어촌공사의 등록번호 135271-0000021 한국농어촌공사의 주소 경기도 의왕시 포일동 487

-- 이 하 여 백 --

그림 75 ▌등기부등본(토지)

2) 주변지역 현황분석

사업대상 부지에 대한 자료들을 검토한다. 그리고 이와 더불어 사업성 검토 지역의 지리적 현황, 주변 환경을 검토하여 분석하는 작업을 시행한다.

3) 교통 환경 분석

시내버스 통과 대수, 일반차량 통과 대수, 유동인구, 교통 연계성, 기타 주변 교통 환경을 분석한다.

(3) 가능용도 법적 검토

사업검토 대상 부동산 현황을 파악한 자료를 바탕으로 사업 대상 부지에서 법적으로 건립이 가능한 건물의 용도에는 어떤 것이 있으며 그 중에서 어떤 용도의 건물이 가장 사업성이 있는지를 검토하는 과정이다. 만약 건물의 용도가 사전에 결정되어 이 건물에 대한 사업성검토를 실시하는 경우에는 결정된 건물이 현재 부지에 법적으로 건립 가능한 용도 인지를 확인한 후에 다음으로 개발환경 분석에 들어간다. 리모델링 시에는 특히 주차장 면수, 소방시설 설치요건 등이 큰 변수로 작용할 수 있으니 면밀히 검토하여야 한다.

개발 건물 용도의 결정과정은 다음과 같다. 이 때 건물용도를 결정할 때는 특정용도 하나로 한정하지 말고 법적 허용범위에서 수 개정도로 함축하는 것이 좋다.

① 대상 부지에서 개발 가능한 건물용도 파악
② 개발가능 건물 유형별 특징 파악
③ 개발 가능한 건물용도 함축

(4) 건물용도 결정

지금까지 조사하고 분석한 자료를 바탕으로 사업대상 부지에서 건립이 가능한 건물들 중에서 사업성이 있다고 판단되는 건물들을 여러 가지 여건을 감안하여 세부적으로 분석하여 건물의 용도를 최종 결정하는 단계이다. 최종적으로 건립하고자 하는 건물의 용도를 결정하기 위해서는 다음과 같은 절차를 거친다.

① 지역 환경 및 향후 전망
② 건립계획 용도 건물들의 동향
③ 개발 건물용도 결정

(5) 기본설계안 작성

건립하고자하는 건물의 용도가 결정되면 기본설계에 들어간다. 기본설계가 되어야 어느 정도 사업수지 분석이 가능하기 때문이다. 기본설계도서에는 최소한 다음과 같은 내용이 포함되어야 한다.

- 컨셉
- 설계개요(건물용도, 건물 규모, 구조, 대지면적, 건폐율, 용적률, 연면적 등)
- 도면(배치도, 평면도, 단면도)
- 공정표
- 공사비 내역서

(6) 경제성 분석('예시' 참조)

경제성분석 방법에는 여러 가지 툴(Tool)이 있으나 여기서는 주택사업을 위한 경우를 가정하여 제시하고자 한다. 먼저 사업에 필요한 소요자금액과 자금조달방법을 결정하여야 한다. 다음으로는 수입금액이 얼마인지를 추정한다. 이러한 내용으로 현금 흐름표(cash flow)를 만들고 자금 수지분석을 한 후에 수익률을 확인 한다.

다음은 경제성 분석을 위한 절차이다.

1) 총 소요자금 추정
2) 분양(임대)가 추정
3) 총 수입금액 추정
4) 현금흐름도 작성 ; 표와 그림
5) 자금조달 방법 결정 ; 자기자본, 타인자본(시공사 대여금활용, PF, BOT, BTL, REIT's, 토지개발신탁) 등

(7) 경제성평가

부동산 투자에서 경제성을 평가하는 데는 부동산투자 분석기법을 사용하는데 부동산투자 분석기법이란 투자안의 현금흐름을 추계하여 경제적 타당성을 검토하는 방법을 말한다. 이에는 부분적인 평가방법과 투자 대안을 위한 정밀 분석방법이 있다.

1) 부분적인 평가방법

부분적인 평가방법은 화폐의 시간가치를 고려하지 않고 현재 투자한 자금이 몇 년 만에 회수될 것인가와 수익률은 얼마나 될 것인지를 단순하게 계산하는 방법이다. 이 방법은 자금의 미래가치는 반영하지 못하지만 간단하게 경제성을 평가할 수 있기 때문에 실무에 많이 이용되고 있다. 그러나 자금을 현재가치로 환원하지 않고 투자 첫해의 수익을 기준으로 판단하기 때문에 투자성 판단 기준으로는 부적당한 면이 많다. 또한 적용자, 적용하는 승수, 적용하는 수익률에 따라 동일한 투자대안에 대해서도 그 타당성 여부가 달리 나타날 수 있으므로 엄밀한 의미에서는 투자의 타당성 분석기법으로 보기 곤란하다.

a) 회수기간법

투자금액의 회수기간을 구하고 투자된 자본금이 몇 년 만에 이익에 의해서 회수될 것인가를 계산하는 방법이다.

회수기간 = 초기투자비용(first cost)/[연간이익(yearly benefits) - 연간비용(yearly cost)]

b) 투자수익률법

1년 평균수익을 처음에 투자한 장부가치의 퍼센트(%)로 나타내는 방법(연 수익률)이다.

이 때 일반적으로 연 수익률이 최소한 시중 금리의 2~3배 이상 되어야 사업을 추진해 볼 수 있다고 본다. 왜냐하면 사업에 따른 위험비용을 전체 사업 외형의 3~4% 정도는 보아야 하기 때문이다.

투자수익률 = 연평균 순이익/장부가치 × 100

2) 투자 대안을 위한 정밀 분석방법

화폐는 시간의 흐름에 따라서 그 가치가 줄어든다. 따라서 현재 100원이 미래에는 이자율을 합하여 계산되기 때문에 100원 보다 증가한 금액이 된다. 반대로 미래의 100원은 현재의 100원보다 적은 금액이 된다. 따라서 투자의 타당성을 분석하기 위해서는 대상 부동산으로부터 예상되는 미래의 현금 흐름을 현재의 가치로 할인하여 투자여부를 결정하여야 정밀한 투자분석이 된다. 이와 같이 정밀 분석방법은 예상되는 미래의 현금흐름을 현재가치로 할인하여 투자여부를 결정하는 방법을 말한다.

a) **순현가법**(NPV**법**) : 순현가란 미래 현금 유입의 현가 합에서 현금유출의 현가 합을 뺀 것이다. 물가상승률, 인건비 상승률, 에너지 상승률 등과 금리를 고려하여 전체 건축물 사용기간 중의 총 비용을 현재가치로 환산한 후 이익의 현재 총 가치와 투자되는 총 비용의 가치를 비교하는 방법이다. NPV(순현가)가 0보다 크거나 같으면 투자의 타당성이 인정된다.

NPV = 현금 유입의 현가 합 - 현금 유출의 현가 합
  = 세 후 현금수지 현가 합 + 세 후 지분 복귀액 현가 합 - 지분 투자액

• **해설**

- 세 후 현금수지 : 예상가능 총소득 - [예상경비(공실 및 불량채권 충당, 운영경비, 부채 서비스액, 소득세 등)의 합]
- 세 후 지분 복귀액 : 예상 매도가격 - [예상 경비(예상 매도경비, 미상환 저당 대부액, 지분 이득세 등)의 합]
- 현가합 : 현가합은 현가계수를 사용하여 구하는데 현가계수는 n년 후의 1원이 현 시점에서 얼마로 평가되는가를 나타내는 것으로 산식은 $(1+r)^{-n}$이다.

  예를 들어 1년 후 100원의 현재가치는 100×(1+r)-1로 계산한다. 여기서 r은 요구수익(투자자가 주간적으로 요구하는 수익)률이다.
- 지분투자액 : 순수 자기자본 투자액(세 후 현금수지 현가와 세 후 지분 복귀액 현가에서 부채 서비스액과 미상환 저당 대부액을 공제하였기 때문에 총 투자액이 아닌 순수한 자기자본 투자액을 반영함)

b) **연가법** : 순현가법에서 모든 비용과 수입을 현재가치가 아니라 연간가치로 균등하게 환산하는 방법

c) **수익/비용 비율법**(PI법) : 각 종 계획안에 대해 투자금액에 대한 이익률을 산출하고 그 대소로 계획안의 우열을 판단하는 방법. PI(수익성 지수)가 1보다 크거나 같으면 투자의 타당성이 인정된다.

d) **내부수익률법**(IRR법) : 내부수익률이란 예상 현금수입과 지출의 합계를 상호 동일하게 만드는 할인율이다(PI를 1로 만드는 할인율. 순현가를 0으로 만드는 할인율). 투자에 대한 내부수익률과 요구수익률을 비교하여 투자결정을 하는 방법이다. 계산된 내부수익률이 요구수익률보다 높으면 투자를 채택하고 낮으면 기각한다. 예를 들어 현재 100원을 지출하여 1년 뒤에 200원의 수입을 얻을 수 있다고 가정할 때 200/(1+m)=100에서 m을 구하면 m이 내부수익율을 위한 할인율(내부수익율)이다.

(8) 결론

지금까지의 사업대상 부동산 현황과 개발환경 등 부분별 분석한 자료를 토대로 건물의 용도를 결정하고 경제성을 분석하였다. 이를 토대로 사업성을 종합적으로 판단하고 사업의 가부를 결정하는 단계이다.

(예시) '6. 경제성분석'의 작성 방법

1) 소요자금 추정

<table>
<tr><th colspan="2">항 목</th><th>금 액(원)</th><th>산 출 근 거</th></tr>
<tr><td rowspan="3">부지 매입비</td><td>부지 매입비</td><td></td><td>단위 지가(원/㎡) × 면적</td></tr>
<tr><td>제세금</td><td></td><td>부지 매입비 × 0.06</td></tr>
<tr><td>소 계</td><td></td><td></td></tr>
<tr><td rowspan="2">공사비</td><td>건축 공사비</td><td></td><td>단위 공사비(원/㎡) × 건축 연면적(㎡)</td></tr>
<tr><td>토목, 조경공사비</td><td></td><td></td></tr>
<tr><td rowspan="8">사업비</td><td>인입 공사비</td><td></td><td>공사비 × 0.007</td></tr>
<tr><td>설계비</td><td></td><td>공사비 × 0.04</td></tr>
<tr><td>감리비</td><td></td><td>공사비 × 0.04</td></tr>
<tr><td>분담금
(상하수도, 교통, 기타)</td><td></td><td>공사비 × 0.01</td></tr>
<tr><td>준공 제세금</td><td></td><td>공사비 × 0.027</td></tr>
<tr><td>예비비</td><td></td><td>공사비 × 0.012</td></tr>
<tr><td>초기 사업비</td><td></td><td>공사비 × 0.008</td></tr>
<tr><td>소계</td><td></td><td></td></tr>
<tr><td rowspan="3">분양(임대)비용</td><td>분양(임대)대행수수료</td><td></td><td></td></tr>
<tr><td>홍보비</td><td></td><td></td></tr>
<tr><td>소 계</td><td></td><td></td></tr>
<tr><td>기타 비용</td><td>금융비용</td><td></td><td>공사비 × 0.003, 근저당설정용, 제반수수료(감정료 포함)</td></tr>
<tr><td colspan="2">투자비 총액</td><td></td><td></td></tr>
</table>

* '산출근거'는 추정 비율임

2) Type별 분양(임대) 금액 추정

분양(임대)금액		
TYPE	주변 시세(분양, 임대)	예정 분양(임대)금액
A타입		
B타입		

3) 총 분양(임대) 수입금액 추정

분양(임대)수입			
TYPE	가구 수	가 격	합 계
A타입			
B타입			

* 전제 조건(예)

① 공사시작은 1월부터 시작하여 12월에 완공계획으로 총 12개월로 설정함

② 분양수입은 계약금 10%, 중도금 70%, 잔금 입주시 20%로 설정함

③ 분양(임대)은 10월부터 실시. 임대기간은 24개월 설정

④ 분양(임대)율은 첫 달 30%로 산정하여 매월 10%씩 상승하는 것으로 설정

⑤ 대출이자 연 8%, 수입이자는 연 5%로 설정함

⑥ 광고 홍보비는 초기 시점에 집중 투입하는 것으로 설정

4) 현금 흐름표

구분			합계	2015년				
				1월	2월	…	…	12월
현금유입	분양(임대)수입							
	소 계							
현금유출	부지매입비용							
	공사비							
	사업비	인입공사비						
		설계비						
		감리비						
		분담금(상하수도, 교통, 기타)						
		준공제세금						
		초기사업비						
		예비비						
	분양(임대)비용							
	금융비용							
	소 계							
자금 수지차	당월금액							
	누계금액							
자금조정	수입	외부차입						
		소 계						
	지출	외부차입상환						
		지급이자						
		소 계						

* 전제조건(예)

① 임대 보증금은 분양수입으로 산정함

② 임대수입은 월세로 산정함

③ 금융비용은 근저당설정비, 제반수수료(감정료 포함) 등임

④ 자금 수지차 = 현금유입 - 현금유출

5) 자금 수지차(예)

현금 흐름표를 그래프로 만들어 봄으로써 자금 수지에 대한 흐름을 한눈에 파악할 수 있다. 아래 그래프에서 보는 것과 같이 모든 건축사업은 초기에 자금이 투자된 후 시간 흐름에 따라서 자금이 회수되는 구조로 형성되기 때문에 초기자금 조달에서 어려움을 겪는 경우가 많다. 이러한 어려움을 해소할 수 있는 방법들이 많은데 그 방법들에는 '자금조달방법'에서 보여주는 것과 같은 것이 있다.

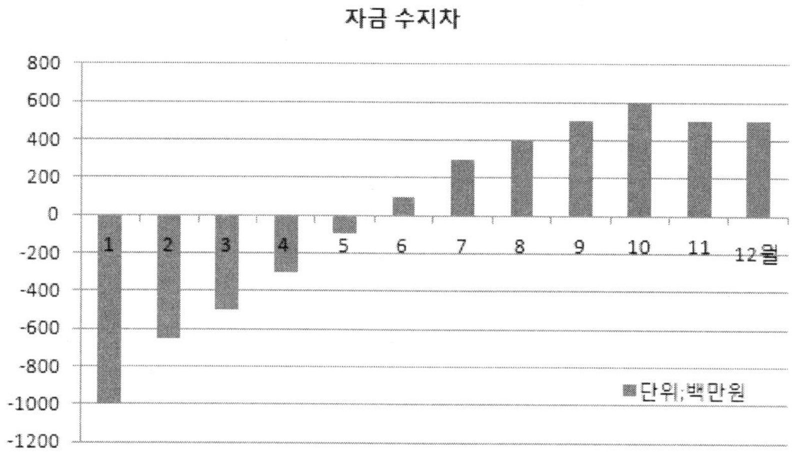

* 참고 ; 자금조달 방법

1) PF(Project Financing) : 은행 등 금융기관이 별다른 보증 없이 프로젝트의 사업성을 담보로 자금을 지원하는 금융 기법.

2) BOT(Build Operate Transfer) : 민간이 건설한 후 동 시설물은 민간의 소유로 함. 그 후 일정기간동안 투자비 회수 후 동 시설물을 국가, 지자체 등에 양도(건설 - 운영 - 양도).

3) BTL(Build Transfer Lease) : 민간이 건설하여 소유권을 국가에게 이전하고 일정기간동안 국가 등이 동 시설에 임대를 하게 되는데 이때 민간건설업자는 동 시설물에 대하여 임대료와 운영비를 받아 투자비를 회수하게 됨. 공공시설물이나 SOC 사업에 활용(건설 - 양도 - 임대).

4) BTO(Build Transfer Operate) : 민간이 민간의 자본으로 건설한 뒤 제반 시설, 건축물 등을 국가나 지자체에 소유권 이전한 뒤에 일정한 기간 동안 직접운영 하여 투자비를 회수함. 일정기간이 지나면 국가에서 운영함. 주로 민자 도로가 이 방식임(건설 - 양도 - 운영).

5) REIT's : 부동산투자회사를 통하여 주식을 발행하고 투자자로부터 모은 자금을 부동산에 투자하고 얻은 수익을 투자자에게 돌려주는 회사.

6) **토지개발신탁** : 건축자금이나 개발 노하우가 부족한 고객으로부터 토지를 수탁 받아 개발계획의 수립, 건설자금의 조달, 공사관리, 건축물의 분양 및 임대 등 개발사업의 전 과정을 수행하여 발생한 수익을 토지소유자(위탁자겸 수익자) 또는 그가 지정하는 자(수익자)에게 돌려주는 개발방법.

〈부록 1〉

과제 ;
노후건물을 선정하여 리모델링을 통한 사업성을 검토하라.

1. 사업검토 대상 부동산 입지환경 및 현황

1) 부동산 개요

토지·건물 가격(공시지가), 지역·지구, 위치도, 토지이용계획서, 토지대장, 건축물관리대장, 토지·건물등기부등본, 지적도, 입지여건, 위성사진

2) 현황 도면 : 배치도, 평면도, 단면도

3) 건물 현황 사진

4) 사업 검토대상 건물 선정 사유(건물의 문제점과 대책)

5) 주변지역 현황분석

주변사진, 지리적 현황, 주변 현황도

6) 교통환경 분석

시내버스 통과 대수, 일반차량 통과 대수, 유동인구, 주변교통 환경 등

2. 건축물 용도 결정

1) 사업가능 용도 건축물 법적 검토
2) 사업가능 용도 건축물 유형별 특징
3) 지역 특성 및 향후 전망
4) 종합 분석
5) 결론 : 건축물 용도 확정

3. 리모델링 계획서 작성

1) 설계개요 및 컨셉
2) 설계도면 작성
3) 공정표
4) 공사비 내역서

4. 사업추진방식 검토

시행사 자체 조달, 시공사 대여금 활용, PF, BOT, BTL, REIT's, 토지개발신탁 등

5. 경제성분석(P147. '6. 경제성분석'의 작성 방법 참조)

1) 총 소요자금 추정
2) 임대가, 분양가 추정 근거
3) 대상시설 가격 설정(단가)
4) 수입추정 : 전제조건 제시

5) 현금흐름도 : 표와 그림

6. 분석 결론

1) 부분별 분석 결과

- 입지환경
- 개발환경
- 경제성

  예) "투자수익률을 환산하면 연 0%의 수익률이 발생하므로 현재 시중금리와 비교할 때 경제성이 있(없)다고 판단된다."
- 기타 앞으로 발전 및 성장가능성

2) 종합적 결론

지금까지 분석 결과를 종합적으로 판단하여 사업시행 여부를 결정한다. 만약 사업성이 없다고 판단되면 사업을 포기하던지, '건축물 용도결정'으로 FEED BACK하여 용도변경을 통하여 사업성을 재검토한다.

〈부록 2〉

리모델링을 고려한 건축물 설계기준 체크리스트

2001.12.

건 설 교 통 부

(주택도시국)

공동주택 설계기준 체크리스트

<table>
<tr><th>분야</th><th>조</th><th colspan="2">내용</th><th>검토항목</th><th>세부검토내용</th><th>적용 여부</th></tr>
<tr><td rowspan="15">건축 계획 분야</td><td>6조</td><td colspan="2">모듈정합설계 기준적용</td><td>1) 설계도서 작성기준</td><td>• 건설교통부고시 제1997-9호 적합여부</td><td></td></tr>
<tr><td rowspan="14">7조</td><td rowspan="14">가변계획수립</td><td rowspan="2">1. 거주자 요구에 따른 가변계획수립</td><td>1) 거주자 요구변화에 따른 가변계획여부검토</td><td>• 건축계획도서에 라이프스타일 대응을 위한 가변계획 명시 여부</td><td></td></tr>
<tr><td>2) 가족구성 및 규모 변화에 따른 가변계획여부 검토</td><td>• 건축계획도서에 라이프싸이클(최성기, 여유기)의 수용가능성 명시 여부</td><td></td></tr>
<tr><td rowspan="4">2. 가변을 위한 구조/설비/부품 설치 계획</td><td rowspan="2">1) 주호의 가변성확보</td><td>• 건축계획도서에 가변영역과 고정영역의 구분 여부</td><td></td></tr>
<tr><td>• 경량간막이의 후시공 여부</td><td></td></tr>
<tr><td>2) 균질공간의 확보</td><td>• 기둥 및 보의 실내(거실 및 침실)노출 여부</td><td></td></tr>
<tr><td>3) 외부개구부 가변성 확보</td><td>• 내부벽체의 이동에 따른 외벽개구부의 가동성 여부</td><td></td></tr>
<tr><td rowspan="6">3. 공간의 확장 및 가변을 고려한 공간 설계</td><td rowspan="3">1) 가변을 고려한 주호설계</td><td>• 벽식공법의 지양성여부
(기둥 및 보에 의한 라멘구조 적용)</td><td></td></tr>
<tr><td>• 역보 및 이중바닥의 적용 여부</td><td></td></tr>
<tr><td>• 건식부품 및 규격품 적용성 여부 (UBR, 경량간막이, 창호, 내장마감 등의 KS규격품의 사용여부)</td><td></td></tr>
<tr><td rowspan="3">2) 세대간의 병합 및 분리</td><td>• 건축계획도서에 세대간의 병합 및 분리를 위한 가변계획명시 여부</td><td></td></tr>
<tr><td>• 세대간 경계벽의 개구부확보 여부(내력벽경우)</td><td></td></tr>
<tr><td>• 비내력벽의 시공 용이성여부</td><td></td></tr>
</table>

<table>
<tr><th>분야</th><th>조</th><th colspan="2">내용</th><th>검토항목</th><th>세부검토내용</th><th>적용 여부</th></tr>
<tr><td rowspan="4">건축 계획 분야</td><td rowspan="4">7조</td><td rowspan="4">가변계획수립</td><td rowspan="4">3. 공간의 확장 및 가변을 고려한 공간설계</td><td rowspan="4">3) 공용 및 전용공간의 여유확보</td><td>• 공용복도 및 계단폭 최소기준의 초과 여유확보 여부</td><td></td></tr>
<tr><td>• 저층부의 피로티 또는 공용공간의 활용 여부</td><td></td></tr>
<tr><td>• Core(계단 및 엘리베이터)의 위치 및 형태변경의 가능성 여부</td><td></td></tr>
<tr><td>• 향후 공용 및 전용공간의 수평 및 수직방향의 증축 범위 표기여부</td><td></td></tr>
<tr><td rowspan="13">건축 구조 분야</td><td rowspan="10">8조</td><td colspan="2" rowspan="10">구조체 내구성 확보</td><td rowspan="10">1) 구조체의 내구성향상 계획수립여부 검토</td><td>• 피복 두께</td><td></td></tr>
<tr><td>• 슬라브 두께</td><td></td></tr>
<tr><td>• 콘크리트강도</td><td></td></tr>
<tr><td>• 용이한 유지관리 및 보수방안 여부</td><td></td></tr>
<tr><td>• 균열제어</td><td></td></tr>
<tr><td>• 단면형상</td><td></td></tr>
<tr><td>• 콘크리트품질</td><td></td></tr>
<tr><td>• 내구성이 우수한 방수시공</td><td></td></tr>
<tr><td>• 유지관리가 용이한 재료선택</td><td></td></tr>
<tr><td>• 중성화에 대한 내구성설계</td><td></td></tr>
<tr><td rowspan="3">9조</td><td colspan="2" rowspan="2">1. 구조점검구 설치(철골조)</td><td rowspan="2">1) 구조점검구 위치 및 크기</td><td>• 위치 : 구조적 주요 접합부위</td><td></td></tr>
<tr><td>• 크기 : 구조진단장비의 투입 및 작업 가능성 여부</td><td></td></tr>
<tr><td colspan="2">2. 구조체 이력작성 및 보존</td><td>1) 구조관련 도서 작성</td><td>• 구조설계기준의 근거를 구조계산계산서 및 관련 설계도서에 기재</td><td></td></tr>
</table>

<table>
<tr><th>분야</th><th>조</th><th colspan="2">내용</th><th>검토항목</th><th>세부검토내용</th><th>적용 여부</th></tr>
<tr><td rowspan="6">건축 구조 분야</td><td rowspan="6">10 조</td><td rowspan="6">공간확장 및 통합·분리를 고려한 구조 계획</td><td rowspan="4">벽식</td><td rowspan="2">1) 공간확장성</td><td>• 세대간 벽체의 비내력화 여부 (구조적으로 문제가 없는 경우)</td><td></td></tr>
<tr><td>• 벽식에서 기둥의 혼용여부</td><td></td></tr>
<tr><td rowspan="2">2) 세대통합 및 분리</td><td>• 세대간 경계벽의 개구부 확보(수평통합)</td><td></td></tr>
<tr><td>• 세대내 계단실 설치를 고려한 개구부 보강(수직통합)</td><td></td></tr>
<tr><td rowspan="2">라멘조 (RC 및 철골조)</td><td>1) 공간확장성</td><td>• 기둥위치 : 주호의 외부에 기둥설치여부</td><td></td></tr>
<tr><td>2) 세대통합 및 분리</td><td>• 향후 응력집중이 예상되는 부위의 구조보강</td><td></td></tr>
<tr><td rowspan="8">건축 설비 분야</td><td rowspan="8">11 조</td><td rowspan="8">기계 설비 기본 원칙</td><td rowspan="8">공용 공간</td><td rowspan="4">1) 지하공동구설치 및 규모</td><td>• 설비배관의 내구성을 고려한 설비재 배치여부</td><td></td></tr>
<tr><td>• 지하PIT 층 활용시 작업여건, 통로 등의 고려 여부</td><td></td></tr>
<tr><td>• 배관의 설치 및 개보수의 여유공간확보 및 통로확보 여부</td><td></td></tr>
<tr><td>• 공동구 공간치수 = 배관배치에 따른 필요공간 + 통로공간</td><td></td></tr>
<tr><td rowspan="2">2) 수직배관/ 수직덕트의 공용부분설치</td><td>• 공용부분에 수직배관 배치 여부</td><td></td></tr>
<tr><td>• 외부마감은 해체 및 조립이 용이한 건식부품적용 여부</td><td></td></tr>
<tr><td rowspan="2">3) 샤프트/덕트의 여유있는 규모설정</td><td>• 점검구의 경우 배관상태의 점검과 보수 및 교체작업이 용이한 크기 확보 여부</td><td></td></tr>
<tr><td>• 점검·보수 및 교체직업으로 인한 인접 건축구성재 및 구조체의 훼손 최소화 방안수립 여부(건식구조의 적용)</td><td></td></tr>
</table>

분야	조	내용		검토항목	세부검토내용	적용 여부
건축 설비 분야	11조	기계 설비 기본 원칙	공용 공간	3) 샤프트/덕트의 여유있는 규모설정	• 탈착 및 조립이 용이한 배관구조와 점검구를 이용하여 교체할 수 있는 배관길이의 적정여부	
					• 샤프트 공간치수는 배관배치에 따른 필요공간 + 작업여유공간 + 증설여유공간 확보여부 **※ 복도나 계단실, 발코니에 면할 경우 작업공간 생략**	
					• 건물의 기능을 유지하면서 리모델링을 할 수 있는 예비배관의 확보여부	
					• 향후 증축과 확장을 고려한 배관 여유공간의 확보	
			전용 공간	1) 조립화, 건식화된 설비의 적용	• 점검·보수 및 교체직업으로 인한 인접 건축구성재 및 구조체의 훼손 최소화 방안수립 여부(건식구조의 적용)	
				2) 세대간 수평 및 수직통합·분리를 고려한 설계계획	• 급수 및 가스배관설비는 양세대간의 칸막이벽에 방화 및 차음상 문제가 없을시 관통슬리브 선매립	
				3) 주호내 공용배관설치 지양	• 주호내 공용배관의 배치여부	
	12조	전기 통신 설비 기본 원칙	공용 공간	1) 전기·통신배관 샤프트(EPS) 등 여유공간확보	• 수요변화에 대응하기 위한 변전실, 공동구, 전기배관 샤프트의 규모 여유공간확보 및 계획여부	
					• EPS 설치 권장규격 적정여부	
				2) 공용부분에 위치하여 세대간 수평 및 수직통합, 분리 고려	• 계단 및 복도 등에 EPS 설치	
					• 각 세대별 간선시설의 EPS 및 메타박스 등의 분기 여부	

분야	조	내용		검토항목	세부검토내용	적용 여부
건축 설비 분야	12조	전기 통신 설비 기본 원칙	공용 공간	3) 배관 및 배선의 노출	• 전기배관 및 박스(4각, 스위치)를 외벽에 설치여부	
					• 경량벽체 및 건축마감 등을 이용한 배선계획 여부	
			전용 공간	1) 고정벽체의 가변적 변화에 대응하는 위치설정	• 이중벽체 및 이중천장, 경량벽체내 배선을 통한 콘센트 및 스위치의 설치위치 가변성 부여 여부	
					• 전기배선 및 통신배선의 자유로운 이동과 재설치를 위한 이중천장 및 floor duct의 적용 여부	
					• 천장반자돌림띠 및 걸레받이를 활용한 배관 및 배선 여부	
				2) 가변벽체의 위치이동 및 제거에 용이한 대응	• 콘센트 및 스위치박스의 설치 및 제거가 용이한 가변벽체의 적용 여부	

일반건축물 신축기준 체크리스트

분야	조	내용	검토항목	세부검토내용	적용 여부
건축 계획 분야	6조	모듈정합설계기준 적용	•설계도서작성 기준	• 건설교통부고시 제1998-189호 적합 여부	
	7조	가변계획 수립	1) 코아의 위치	• 장래의 기능이나 내부공간의 변화를 고려한 코아계획 여부	
				• 향후 건축물의 개보수 및 증축 등을 고려한 코아의 위치 및 규모산정 여부	
				• 향후 사회변화 및 새로운 설비증설에 대응하여 여유있는 코아(복도 및 계단)의 확보 여부	
			2) 층고확보	• 리모델링을 고려한 층고로서 최저 천장고 치수 + 이중바닥, 설치공간(IB화) + 덕트공간 확보 여부	
			3) 구조 및 설비조닝	• 그리드 설계를 바탕으로 파티션, 공조, 조명, 각종 배선시스템의 조닝설계 여부	
건축 구조 분야	8조	구조체의 내구성 확보	1) 구조체의 내구성향상 계획수립여부	• 피복 두께	
				• 슬라브 두께	
				• 콘크리트강도	
				• 용이한 유지관리 및 보수방안 여부	
				• 균열제어	
				• 단면형상	
				• 콘크리트품질	
				• 내구성이 우수한 방수시공	
				• 유지관리가 용이한 재료선택	
				• 중성화에 대한 내구성 설계	

분야	조	내용	검토항목	세부검토내용	적용 여부
건축 구조 분야	9조	1. 구조점검구 설치 (철골조)	1) 구조점검구 위치 및 크기	• 점검구 위치의 경우 구조적 주요 접합부위를 점검 할 수 있는지 여부	
				• 점검구 크기의 경우 구조진단장비의 투입 및 작업 가능 여부	
		2. 구조체 이력작성 및 보존	1) 구조관련 도서 작성	• 구조설계기준의 근거를 구조계산서 및 관련 설계도서에 기재여부	
	10 조	증축 및 용도변경을 고려한 구조설계	1) 장래 실 변화 등에 따른 하중의 변화	• 공조실의 여유 공간 확보 및 공조실의 보강과 함께 향후 실 변화를 고려한 여유하중 고려여부	
			2) 용도변경	• 신축시 고려된 하중설계로서 용도변경이 가능한 건축물 범위 명시여부	
	11 조	공간가변성을 고려한 구조단면계획	1) 균질공간	• 가변가능성 향상을 위한 기둥 등 구조체의 돌출지양 여부	
			2) 층고	• 배선공간, 공기조화설비, 공간의 기능변화를 위한 여유층고 확보여부	
				• 역보 등의 적용여부	
건축 설비 분야	12 조	구조체와 설비재의 분리	1) 공용배관의 노출	• 공용배관의 점검이 용이한 덕트 및 샤프트 계획 여부	
				• 배관의 외기노출 및 이중바닥 및 이중벽체의 적극적 도입여부	
	13 조	점검 및 유지관리 용이성	1) 설비배관 구성 및 형태	• 너트식 조합구조와 같은 조립 및 재설치가 용이한 건식공법배관의 활용 여부	
			2) 샤프트 위치 및 규모	• 안전성 확인 및 보수, 교환, 개량, 유지관리가 용이한 곳에 위치 설정 여부	

<table>
<tr><th>분야</th><th>조</th><th>내용</th><th>검토항목</th><th>세부검토내용</th><th>적용 여부</th></tr>
<tr><td rowspan="4">건축 설비 분야</td><td rowspan="2">13 조</td><td rowspan="2">점검 및 유지관리 용이성</td><td>2) 샤프트 위치 및 규모</td><td>• 기준층의 덕트·배관 샤프트의 점유비율 적정성 여부
• 덕트 및 샤프트규모의 경우 기존 배관 재배치를 위한 공간 + 유지보수를 위한 작업공간 확보 여부</td><td></td></tr>
<tr><td>3) 점검구</td><td>• 점검구 크기의 경우 점검과 보수 + 교체·작업에 필요한 공간여유를 고려한 산정 여부</td><td></td></tr>
<tr><td rowspan="2">14 조</td><td rowspan="2">설비공간의 여유확보</td><td>1) 설비재의 수평 및 수직배관의 규모</td><td>• 샤프트공간의 크기의 경우 기존 배관 재배치를 위한 공간 + 유지보수를 위한 작업 공간 +설비증설을 고려한 필요 여유 공간 산정 여부</td><td></td></tr>
<tr><td>2) 예비배관의 설치</td><td>• 기능을 유지하면서 리모델링을 할 수 있는 예비배관의 확보 여부</td><td></td></tr>
</table>

건축 리모델링 개론

2020년 3월 1일 인쇄
2020년 3월 5일 발행

저 자 : 김 진 관
펴낸이 : 이 석 환
펴낸곳 : 도서출판 서우
등 록 : 제8-159호
주 소 : 서울시 은평구 대조동 188-8
전 화 : (02)383-1696, 1697
팩 스 : (02)387-9578
ISBN 978-89-97153-87-9 93540

값 13,000원